ちくま新書

よみがえる田園都市国家

、柳田国男の構想

佐藤 光
Sato Hikaru

1716

よみがえる田園都市国家——大平正芳、E・ハワード、柳田国男の構想【目次】

はじめに

筆者の専門分野の一つは社会経済論だが、何を研究するかといえば、その名の通り「経済」と「社会」、より詳しくいえば、時に「資本主義」と呼ばれることもある「市場経済」と「社会」の関係を主に研究するということになる。

しかし「市場経済」はともかく、「社会」には、家族、地域コミュニティ、文化団体、労働組合、地方自治体、国家、国際社会、場合によっては、それらの土台である自然環境や地球環境など、要するに「市場経済」以外のほとんどすべてのものが含まれるから、社会経済論がどのような「専門分野」か分からなくなる時もある。

筆者はその社会経済論を、主にカール・ポランニーの「二重運動論」（「拡張する市場経済と自己防衛する社会との二重運動の理論」）の恩恵を受けながら自分なりに発展させてきたが、「市場経済」と「社会」の対立や矛盾を過度に強調した彼の政治的スタンスには当初から賛同できなかった。両者が異質な原理に基づくシステムである以上対立や矛盾があるのはやむをえないが、両者の関係をもっと調和的な観点から考える術（すべ）もあるのではないか、と考えてきたのである。

しかしこの種の問題をあまり理論的・抽象的に考えるのは不毛であろう。「市場経済」と「社会」の関係には、イデオロギー的にはともかく、理論的にはさまざまな可能性があるとしかいいようがなく、具体的ケースに即して具体的に考えるほかない側面があるからだ。

こうした思いを胸に試行錯誤を繰り返していた時に出会ったのが、一九八〇年に発表された大平正芳首相（当時）肝いりの「田園都市国家構想」、より一般的には、当代一流の学者や知識人を結集した九つの政策研究会によって作成された、かなりの具体性に恵まれた長期的国家ビジョンの体系だった。

残念ながら、これらの多くは大平の急死によって実現されることはなかったが、以下に見るように、今日でも傾聴するに値する構想・ビジョンであることに変わりはない。

ここでは、拡散を避けるため、田園都市国家と、それに密接に関連したテーマに議論を集中するが、大平構想には、田園都市国家に限っても、昨年末にそれを承けて岸田政権で閣議決定された「デジタル田園都市国家構想総合戦略」よりはるかに豊かな内容が含まれていることをあらかじめ確認しておきたい。

本書のプランと議論の骨子は次の通りである。

まず序章で、長期的国家ビジョンの必要性という、本書の基本的な問題意識を述べたあと、第一章で、大平正芳やブレーンのプロフィールを簡単に振り返った上で、政策研究会の報告書『田園都市国家の構想』の内容を紹介し検討する。

「都市に田園のゆとりを、田園に都市の活力を」をキャッチフレーズとしたこの報告書の基本的趣旨は、「都市」に象徴される現代文明や市場経済と、「田園」に象徴される「地域」「地方」「自然」などの調和、あるいは後者の復権を目指すものとしてよいが、その場合特に「人間」「文化」の役割が強調されている点に注意したい。田園都市国家構想からは、明治以来の日本の近代化、工業化、経済成長の成果を肯定しながら、その負の側面をも直視し、今後はより人間的で文化的な国家をつくらなければならないという思いが伝わってくる。

なお、大平は、この構想と家庭基盤の充実構想(日本の家庭生活の充実のための政策構想)を不可分のものとして考えていたので、ここでは、報告書『家庭基盤の充実』もとりあげ検討した。

第二章では、大平田園都市国家構想の発想の源となったエベネザー・ハワードの田園都市構想と、その日本への導入史を振り返る。

ハワードの構想は、大平構想というより、世界の田園都市建設運動の原点である。イギリスのジャーナリスト、ハワードは、資本主義勃興期のイギリス労働者階級の都市生活のあまりの劣悪さに衝撃を受け、彼らの生活環境に田園の美しさや健康を付け加えようとした。「都市と農村の結婚」をキャッチフレーズとしたこの構想は、社会主義的理念に彩られたものであり、ポランニーの「社会の自己防衛」の流れのなかにあったともいえよう。「計画」に力点を置いたハワードの田園都市構想は、「多様性」を愛するアメリカのＪ・ジェイコブズの強烈な批判を招くなどもしたが、その「都市と農村の結婚」という理念は、その後長く世界の都市計画に影響を及ぼすことになった。

同構想の日本への影響は、実は大平構想をはるかに遡って、明治時代の内務省田園都市構想や大正時代の東京や関西の宅地開発にも及んでいる。そして、その構想の日本への導入史を辿っていくと、意外にも、民俗学者としてより農政学者としての柳田国男の姿が浮かんでくる。これは、筆者にとっては新鮮な発見だった。

そこで第三章では、柳田国男の都市と農村に関する議論に焦点を当て、彼もある種の「田園都市国家構想」を抱いていたのではないかという推測を述べ検証した。

初期の農政学関係の著作や比較的後期の『都市の農村』から読みとれるのは、「鄙（ひな）のなかに都（みやこ）を、都のなかに鄙を」というフレーズへの好意的な言及からも分かるように、ハワードらの田園都市構想に共鳴しつつも、直輸入を嫌い日本独自の分権的な田園都市国家をつくらなければならないという柳田の熱い思いである。

柳田が目指したのは、当時からすでに疲弊しつつあった全国の農業のあり方を根本的に改革し、農村文化や地方文化の再生を図るなどして、日本を都市と自立した農村からなる分権的な田園都市国家に再編することだったが、その究極の狙いは、不安と焦燥に満ちた都市文化の病弊を是正し、伝統的な「家の宗教」あるいは祖霊信仰を守り再生して日本人の魂を救済することだった。都市文化の病弊を柳田が「噴火口の舞踏」という、実に面白い言葉で形容し批判していることに注目したい。

この章では、さらに、柳田と大平の田園都市国家構想（および家庭基盤充実構想）との対話を試みた。それによって大平構想の限界が明らかになると同時に、柳田構想の時代的制約も当然のことながら明らかになった。が、彼らの示唆も多大であり、それらを今にふさわしいやり方で発展させることはわれわれに委ねられることになる。

第四章では、及ばずながら、二一世紀に生きる筆者自身の田園都市国家構想を素描した。高度経済成長が遠い過去のものとなり低成長を基調とせざるをえない二一世紀の日本においてもなにほどの成長——実質GDP一～二％ほどの「穏やかな経済成長」——は必要であり可能でもある。

ＩＴやＡＩやデジタル技術に使われるのでなく、それらを賢明に活用して、労働時間（含通勤時間）を短縮しつつ生産性を向上させ、高齢者の膨大な金融資産を活用して有効需要の落ち込みを防ぎ、高齢者などにも勤労を促すなどして労働力不足に対処などすれば、穏やかな経済成長は不可能ではない。

その一方で、高度経済成長によって痛めつけられてきた日本の家庭や地域コミュニティや自然や文化を、大平構想にあるように回復する。もちろん「地方消滅」を防ぐための方策も欠かすことはできないが、デジタル田園都市国家構想総合戦略が想定するように、テレワークが人口の地方分散を促進するかどうか楽観はできない。各地では始められている「地方再生」の取り組みには敬意を払うが、日本全体の人口減少基調のなかで、それに過大な期待をかけるわけにもいかないだろう。

むしろ当面必要でも可能でもあることは、日々の労働時間を短縮し、ヨーロッパ並みのまとまった休暇、つまりバカンス制度（正月二週間、盆二週間、年間一カ月程度）を導入するなどして、都市生活の真ん中に「ゆとり」をもたらすことである。その「ゆとり」のなかで家族、親族、友人たちとの交流を深めるなどして都市生活のあり方の何かが変わることを期待したいが、とりあえずは余暇やバカンスの使い方はもちろん各人の勝手でよいのである。

章の最後では、田園都市国家も「国家」である限りは、万全の安全保障体制を整えることが不可欠であるとの思いから、九つの大平構想に含まれていた「総合安全保障戦略」に言及し、その先見の明を強調した。

以上五つの章の骨子は三年以上前に書き上げたものだが、それを公刊しようしていた矢先に新型コロナ禍が始まり、仕事が手につかなくなった。さらにロシアによるウクライナ侵攻なども始まりますます仕事が遅れたのだが、とにかく、この間のことにも少しは言及しなければと思い、コロナ禍を中心に補章を書き加えた次第である。

色々なことを書いたが、有名人や知人の少なからぬ人々が亡くなっていくコロナ禍の状況のなかで、筆者が向き合わざるをえなかったのは、「人はすべて死ぬ」という平凡きわまる事実だった。

しかし現代人は、通常、忙しさにかまけるなどして、その事実から目を背けようとする。「自分もいつかは必ず死ぬ」という事実を直視すること、ポランニーの言葉を借りれば「死の認識」を得ることはつらいことだから、多忙は現代人にとっての救いでもあるのだが、その「救い」が人々に「噴火口上の舞踏」を強い、その「舞踏」が客観的条件を無視した「穏やかでない経済成長」を余儀なくし、「資本主義」や「市場経済」以外の多くのものを犠牲にする。

犠牲を避けるためには、「噴火口上の舞踏」に明け暮れる現代人の心のなかにある種の「ゆとり」を呼び込むほかないが、日本古来の祖霊信仰はその一助となりうるだろう。これが地方や田園に由来する信仰だとする柳田説に引き寄せていえば、祖霊信仰、装いを新たにした祖霊信仰に支えられた「死の認識」が、二一世紀日本に「田園のゆとり」「田園由来のゆとり」を呼び込むのである。

最後になったが、企画の段階から相談に乗っていただき、出版に際しては随所で適切なアドバイスをいただいた、ちくま新書編集部の松田健氏にお礼を申し上げる。同氏の専門的な助力がなければ本書を書き上げることはできなかった。

二〇二三年一月

佐藤　光

序章　いまなぜ田園都市国家構想なのか

歳をとって俗世のちりにまみれたせいか、最近の筆者は、学者、知識人、評論家などより、政治家の言動の方に興味を覚えるようになった。もちろん学者などの言説には広い視野や学識などに裏打ちされた傾聴すべき知見が含まれているのだが、「所詮、彼らの言動は外野席からの野次ではないか。無責任な評論にすぎないのではないか」という思いが強くなる一方で、メディアをはじめ世論から叩かれることが多く、小学生にも「悪いことをする人」と戦後の日本では評判の悪い政治家、特に歴代の総理大臣の「権力とカネまみれの脂ぎった」言動の方に、ひょっとしたら、たとえば大江健三郎や三島由紀夫のそれより多くの真理が含まれているのではないかと考えるようにもなったのである。

これは、必ずしも馬鹿げた思い込みではないだろう。偉大な思想家、エドマンド・バークは生涯の大半をホイッグ党所属のアクティブな政治家として過ごしたし、記憶によるので誤っているかもしれないが、西洋流の大学の原点である古代ギリシアの「アカデメイア」の学生は、体育、音楽、数学などの学科の研鑽を積んだあと、長期間に渡って政治の実務を体験することを義務づけられ推奨され、役務が終わったあとはまた「アカデメイア」に戻って、「最高の学問」としての政治哲学を学んでから卒業を認定されたという。

こうした思いを胸に、筆者は、小さな研究会で、若い友人たちと、「戦後日本宰相論」を統一テーマとして、吉田茂から安倍晋三に至るまでの主だった総理大臣と彼らをめぐる時代状況を学び議論したことがあった。

吉田、岸、池田など宰相たちはそれぞれに個性を際立たせたが、そのなかでも「哲人政治家」とも評された大平正芳には特別の興味を抱かせられた。

正直いって、若い頃の筆者は、いつも眠そうな顔をした大平に魅力を感じたことはなかった。「目立つ」という点では、彼の盟友・田中角栄の方が一段上であり、首相在位期間が短かったこともあって、大平内閣の政策に強い印象を受けたことはなかったのである。

しかし、福永文夫の『大平正芳』に引用されている大平の次の文章には衝撃を受けた。

「『過去を捨象すると革命になり、未来を捨象すると反動になる』というのが田辺哲学の教えているところだと思う。現在は、未来と過去の緊張したバランスの中にあって、革命であっても困るし、反動であってもいけない。未来と過去が緊張したバランスの中にあるように努めていくのが、『健全な保守』というものではないだろうか。私は保守主義をこのように考えている」（「橋畔随想　保守の哲学」『在素知贅』所収。福永前掲書、三五頁からの再引用）。

この文章は、京都学派の田辺元（はじめ）の哲学書のなかにあった「時間というものは今しかないのである。過去や未来は現在に働く力であって、時というものには現在しかない」という文章を回顧してのものであり、大平が出所を明らかにしていないので推測になるが、「哲学書」とは、おそらく一九四〇年に出版された田辺の講演・講義録『歴史的現実』であろう。いずれにしても、田辺の言葉の背後には、田辺、それからその師の西田幾多郎がよく使い、大平が好んで用いた言葉といわれる「永遠の今」の時間哲学がある。

京都学派の「永遠の今」の中身についてはさておこう。衝撃を受けたのは、とりあえず、日本の総理大臣・首相が、田辺元の本を読んでいたという事実である。実際、大平は、政治家として超多忙な活動の合間を縫って、国会議事堂の書店で、暇さえあれば立ち読みをしていたという。戦前戦後を通して、これほどの読書家の宰相はいなかったのではないか。

その大平が、首相就任に当たって、九つのグループからなる政策研究会を補佐官に命じて創設させた。

議長の選任は、大平のブレーンだった佐藤誠三郎（東京大学教授、当時）、公文俊平（同）、香山（こうやま）健一（学習院大学教授、当時）の三名が主に行なったが、梅棹忠夫、大来佐武郎、内田忠夫らは大平の指名だった（福永前掲書、二三五頁）。森田一『心の一燈』によれば、大平は、ブレーンのなかでは佐藤を一番評価していたが、ブレーンに入っていなかったとはいえ、高坂正堯を佐藤よりさらに上に評価していたという（一六六頁）。

九つの政策研究グループは、図表1に示されているような個別課題の研究を分担したが、それらは、「文化の時代」「地方の時代」「地球社会の時代」の三つの時代の到来を待望するという大平の時代認識を共通のベースとしていた。研究の運営や内容はメンバーの完全な自由に任されたが、これら九グループの研究成果全体を大平の長期的国家ビジョンあるいは大平構想と呼んでもよいだろう。なお各グループの初回会合は一九七九年、報告書提出は一九八〇年だった（福永前掲書、二三四、二八四〜二九〇頁など）。

1	田園都市構想研究 （梅棹忠夫国立民族学博物館館長）
2	対外経済政策研究 （内田忠夫東京大学教授）
3	多元化社会の生活関心研究 （林知己夫統計数理研究所長）
4	環太平洋連帯研究 （大来佐武郎日本経済研究センター会長）
5	家庭基盤充実研究 （伊藤善市東京女子大学教授）
6	総合安全保障研究 （猪木正道平和・安全保障研究所理事長）
7	文化の時代研究 （山本七平山本書店店主）
8	文化の時代の経済運営研究 （館龍一郎東京大学教授）
9	科学技術の史的展開研究 （佐々學国立公害研究所長）

図表1　大平内閣下の政策研究会
（注）発足順。（　）内は議長、肩書きは当時。
（出所）福永文夫『大平正芳』p.234（一部省略）

九つの研究課題のうちで大平の思い入れがもっとも強かったのは、おそらく田園都市構想と家庭基盤充実、特に田園都市あるいは田園都市国家構想である。それというのも、あとで述べるように、田園都市に対する大平の関心ははるか戦前にさかのぼるものであり、政策研究会の創設に当たって、当初、大平は田園都市と家庭基盤充実を一括りの課題とすることを希望したが、自民党の注文によって別箇の課題とすることを余儀なくされたからである（二二四～二二五頁）。つまり、彼にとって、田園都市国家と家庭基盤充実は、元来、一体として研究されるべき重要課題だった。

そこで以下では、大平構想のうちで、「田園都市国家の構想」と「家庭基盤の充実」と名づけられた二つの報告書に焦点を当て、前者を主、後者を従として議論することにしよう。そうすることによって議論の拡散を防ぐという理由もあるが、なにより、それら二つの構想が「大平哲学」のエッセンスをもっともよく表していると思われるからである。

これらの構想には改善を要する点が含まれているが、筆者は、その基本的方向性については強く肯定したい。「都市」が経済成長、物質的富の増大、技術革新、利便性などを象徴するとすれば、「田園」は地方、自然などを象徴し、「家庭基盤」は家庭とそれを取り囲む地域社会、地域コミュニティを象徴する。思うに、戦後日本の瞠目すべき経済成長によって、もっとも犠牲にされたのは、されているのは、家庭、地域コミュニティ、地方、自然だった。

さらにこれには、都市と地方の文化も付け加えなければならないだろう。というのは、経済成長が、富と人口の都市への集中の裏面としての地方の総体的貧困化と過疎化の結果として、祭りの担い手の不足などをもたらし、伝統的な地方文化を破壊しただけでなく、都市の多忙な「会社人間」の生態からもうかがわれるように、都会人の文化をも貧困なものにしがちだったからである。

そして家庭、地域コミュニティ、地方、自然、文化の保護と再生と発展が、「家族解体」「地方消滅」「ネット文化とネット依存症」などの言葉がメディアを賑わせていることからも窺（うかが）われるように、大平構想発表以後およそ四〇年経った今も、というよりは今こそますます国民的課題になっていることも周知の事実である。

もちろん高度経済成長も安定成長も過去の話となり、ここ二〇年間ほどの日本経済にとっては低成長やゼロ成長が悩みの種だった。一部にはゼロ成長の勧めの声も聞かれるが、膨大な財政赤字のファイナンスのために、さらに近隣諸国の恐るべき軍備増強に対処するためにも、ささやかではあるが、なにほどかの経済成長を維持することは不可欠であり、また、この少子高齢化と人口減少の二一世紀日本にあっても可能と思われる。

経済成長をもたらす活力の源泉としての「都市」の発展と、ゆとりをもたらすべき「田園」と「家庭」と「文化」の保全は、ともに、二一世紀日本にとってのもっとも重要な課題であり、その両立しがたい二つの課題をどうやってともに解決するか——大平構想は、この点に関するヒントに満ちているのである。

しかし、仔細はさておき、大平構想、特に田園都市国家構想が、魅力的で骨太の長期的国家ビジョン、日本国家にとっての将来ビジョンを与えていること自体が大きな意味を持っているというべきかもしれない。というのも、大平以後今日に至るまで、同様の本格的な長期的国家ビジョンが描かれ提出された試しがないように思われるからである。

†政府の経済政策と長期的ビジョンの不在

ここ三〇年間ほどの日本経済の懸案は、デフレからの脱却と諸外国に比べて格段に低い経済成長率を回復することだった。

周知のように、安倍内閣は、これをアベノミクス、すなわち、「大胆な金融緩和」「機動的な財政政策」「民間投資を喚起する成長戦略」の「旧三本の矢」や、「希望を生み出す強い経済」「夢を紡ぐ子育て支援」「安心につながる社会保障」の「新三本の矢」を放つことによって克服しようとしたが、デフレスパイラルの阻止と株価の上昇に曲がりなりにも成功したものの、実質賃金率の上昇と経済成長の回復には成功しなかった。

その一方で、大企業には何百兆円もの内部留保が積み上がり、ますます増え続けたから、安倍政権は躍起になって内部留保を賃上げと投資に振り向けるよう企業に呼びかけたが、企業の重い腰は上がらなかった。理由は簡単であって、賃上げと投資を活発化させることができるような長期期待を企業経営者やビジネスマンが持てないこと、要するに日本の将来に十分大きな内需や投資機会が見込まれないということである。長期期待がこういう状態なら、いくら金利を引き下げ、マイナス金利にしても企業が重い腰を上げないのは当然だ。

岸田政権の「新しい資本主義」についても同様であり、分配を改善するために、賃上げ企業に優遇税制を適用しても、売り上げの長期的成長が見込まれない限り、固定費用化しがちな賃金の引き上げ――「人への投資」――に内部留保を振り向ける企業は多くはないだろう。

ではなぜ企業の長期期待が楽観的になれないのかというと、少子高齢化で拡大の見込みのない国内市場、企業家精神の衰弱、米中ロ対立のリスク、世界経済の長期的停滞、不透明なコロナ禍の見通しなど、理由はさまざまだろうが、一つの大きな理由は、日本の近未来をどうするか、どうなるのかという点に関する魅力のある明確な長期的ビジョンを官民ともに描き共有できないということだろう。

安倍政権に長期的ビジョンがなかったわけではない。たとえば二〇〇六年出版の『美しい国へ』や、二〇一三年出版の増補版『新しい国へ――美しい国へ完全版』はある種の長期的国家ビジョンといえるが、「戦後レジームからの脱却」を目指す安倍晋三の国家観や安全保障観や現行憲法観の概説に力点が置かれる一方で、経済に関しては――『瑞穂の国』の資本主義」などの魅力的な言葉の提示にもかかわらず――数頁で済まされているので、それをもって企業の賃金政策や投資政策の指針とするわけにはいかなかったことだろう。

より具体的な長期的ビジョンとしては、安部政権下の二〇一六年に作成された「科学技術基本計画」における「Society 5.0」構想や、同政権末期の二〇二〇年六月に平井IT担当相主導の下に素案を作成され、岸田現政権にも継承されている「デジタル田園都市国家構想」を挙げるべきだろう。あるいはさらに、菅政権が二〇二〇年に打ち出し岸田政権に引き継がれた「2050年カーボンニュートラルに伴うグリーン成長戦略」を挙げるべきかもしれない。

政府のホームページ（内閣府「Society5.0」）などによれば、「Society 5.0」とは、「狩猟社会（Society 1.0）」→「農耕社会（Society 2.0）」→「工業社会（Society 3.0）」→「情報社会（Society 4.0）」に続く、「超スマート社会」であり、AI（人工知能）を核心技術とした革命的な社会のようだ。また「デジタル田園都市国家構想」とは、デジタル技術を駆使して日本のどこにいても、特に地方の辺境の地にあっても仕事や質の高い生活を営める国を目指すものである。さらに「グリーン成長戦略」とは、地球温暖化などへの環境保護を経済成長への足かせとする従来の発想を一八〇度転換し、環境対策を、環境関連技術や産業のイノベーションと投資を通した経済成長の機会として捉え、二〇五〇年までに「脱炭素社会」の実現を目指す意欲的な成長戦略である。

しかし、「Society 5.0」は、科学技術政策の将来ビジョンにすぎず、ITやAI関連の科学技術者やビジネスマンは鼓舞激励できても、高齢者を含む一般国民生活のトータルな将来像を提供するものではない。「Society 5.0」には、AIやITはあっても「社会」はないともいえるだろう。「デジタル田園都市国家構想」は、すぐあとで述べるように、「デジタル」だけが異常に突出しているように見えるし、「グリーン成長戦略」も、趣旨はわかるし必要だとも思うが、人は「脱炭素」だけで生きることはできない。

特に、本書のテーマに関連深い「デジタル田園都市国家構想」に付言すれば、およそ四〇年前に提出された大平構想が、自民党内に生き残り、現岸田政権にも、「新しい資本主義」と並ぶ政策の柱とされたのは喜ばしいことである。そうした生命力を宿していること自体が大平構想の価値と質の高さを証明しているのかもしれない。

しかし、同構想についての自民党のレポート「デジタル・ニッポン2020―コロナ時代のデジタル田園都市国家構想」などに基いて二〇二二年一二月に閣議決定された「デジタル田園都市国家構想総合戦略」を読む限り、あとで述べる大平構想の理念を表す「都市に田園のゆとりを、田園に都市の活力を」というフレーズの後半部分、それも「都市の活力」が「デジタル技術の活力」に矮小化されたそれが展開されているという印象を免れない。前半の「都市に田園のゆとりを」はどこに行ったのか。

もちろん、「全国どこでも誰もが便利で快適に暮らせる社会」(「総合戦略」)を目指すという同戦略の意義を全面否定することはできない。それは、DX(デジタルトランスフォーメーション)によって、過疎と経済停滞に悩む全国の地方を活性化しようとするものであり、推進されるべき理由を持っているが、都市も地方も国家も、要するに人間は「デジタル」だけで生きることはできない。あるいは、人間の生には「デジタル」に反する側面もあるのであって、「総合戦略」には、こうした多様な側面からなる全体像のなかに「デジタル」を位置づける哲学が欠けている。また「田園」という言葉を冠しながら、自然そのものに関する考察がほとんど見られない点も気になるところである。

二〇一五年に国連で採択された『我々の世界を変革する:持続可能な開発のための2030(Transforming our world: the 2030 Agenda for Sustainable Development)』で提示された「持続可能な開発目標(Sustainable Development Goals 略称:SDGs)の日本版SDGsにも触れておこう。日本政府はこれを承けて、二〇一六年に早速安倍首相を本部長とする「SDGs推進本部」を設け「日本　持続可能な開発目標(SDGs)実施指針」(略称:SDG s実施指針）を決定し、それを基礎とした「ＳＤＧｓアクションプラン」を作成し実施に努めてきた。

「アクションプラン」は毎年更新・発展させられてきたが、現時点での最新版「ＳＤＧｓアクションプラン２０２２」を見ると、「Society 5.0」「デジタル田園都市国家構想」「グリーン成長戦略」の趣旨も取り込みながら、「あらゆる人々が活躍する社会・ジェンダー平等の実現」「成長市場の創出、地域活性化、科学技術イノベーション」「健康・長寿の達成」「持続可能で強靭な国土と質の高いインフラの整備」「省・再生エネルギー、防災・気候変動対策、循環型社会」「生物多様性、森林、海洋等の環境の保全」「平和と安全・安心社会の実現」「ＳＤＧｓ実施推進の体制と手段」の八つの優先課題が国連の一七の開発目標の日本への適用課題として選択され、課題ごとにさらに詳しい具体策が提示され説明されている。

ほとんど達成目標の列挙にすぎないとはいえ、日本の包括的な長期的ビジョンを示したものと評価したい気にもかられるが、「Society 5.0」などを踏まえたためか、「実施指針」にも増して、「スマートシティ」や「デジタル化」や「科学技術イノベーション（ＳＴＩ）」などの役割が、カタカナ言葉を多用して強調されており辟易（へきえき）した。この「アクションプラン」によれば都市ばかりでなく、農村も「スマート化」される。

もちろん「カーボンニュートラル」をはじめ、森林や海洋などの環境保全も強調されているのだが、官僚の手になる文書のせいか、保全すべき対象の自然の姿や自然観は見えてこない。もちろん人間像や社会像も見えてこない。それらは、「ない」といっては語弊があるとすれば、AIやデジタルやIOTのうしろに埋もれているのである。

†哲学のある長期ビジョンへ

AIや「超スマート社会」やSDGsに反対なのではない。「誰一人取り残さない」、世界中の貧困と差別を根絶する、経済成長を維持しながら「カーボンニュートラル」を実現する、世界と日本の自然破壊を終わらせる、それも二〇三〇年までに、などという国連や日本のSDGsの目標が本当に達成できるのか、筆者にはいささか疑問だが、それらに反対する理由もない。それらは、やはり追求する価値のある「理想」なのだ。

必要なのは、その理想を、現実的で豊穣な人間観と社会観と自然観のなかに組み入れて、幻想に囚われることなく少しずつ実現していくことだ。実現できないからといって自暴自棄になって「体制を暴力的に転覆する」などと考えてはいけない。すでに部分的にせよ実現されている理想のさらなる実現を目指して現実を漸進的に改革してゆくこと――これこそがわれわれが必要とする改革、いわば「保守的改革」なのである。

こうした観点から見ると、大平の田園都市国家と家庭基盤の充実のための構想は、SDGsのような派手さはないが、はるかに説得力と示唆に富むもののように筆者には思われる。少なくとも、そこには二一世紀日本の将来像を描き着実に実現するための多くの手がかりが含まれている。

もちろん大平構想が発表されてから四〇年以上たった現在では、科学技術、経済、家庭、自然環境など、ほとんどすべての点において内容は大きく異なっている。今後はさらに異なる可能性が高い。しかし、想像力を少したくましくすれば、「都市」のなかにAIやITや「スマートシティ」に関するイノベーション、「田園」のなかに人間と自然との共生や地球温暖化問題、「充実」されるべき「家庭基盤」に、核家族はもちろん、単身者世帯や同性婚家族などを含めて考えることは容易である。「都市」「田園」「家庭」のキーワードに今日的な具体的内容を盛り込めばよい。つまり、大平構想には、科学技術、政治、経済、人間、家族、地域、地方、自然、文化などにわたる、二一世紀日本を論ずるのに必要なほとんどすべての要素が、萌芽的な形にせよ含まれていると考えられるのである。

さらに重要なのは、構想に、人間と自然と世界に関する豊穣な哲学が込められていることだ。そこには、開かれた地域主義、健全な子育てを可能とする家庭環境や地域コミュニティ、緑と自然と文化の尊重などに関する哲学、自由主義的哲学などが込められており、通俗的な政策提言を越えた深みと厚みが感じとられる。

九つの政策研究グループには、前出の佐藤、公文、香山、梅棹、大来、内田、高坂の他に、山崎正和、飽戸弘、小池和男、茅陽一、西部邁、石井威望、榊原英資、竹内靖雄、猪木正道、山本七平など、当代一流の学者や知識人が参加しているが、そうしたプロジェクトを指揮した大平の気概と見識を買うべきだろう。これほど多くの学識者を一堂に糾合して、国家の長期的ビジョンを練り上げようとした内閣は、わが国の「憲政史上」にも稀ではなかったか。

†思いつきではなかった大平構想

しかも大平の構想は、高度経済成長が終わったことを見届けての思いつきではなかった。彼がその構想——田園都市国家構想——を打ち出したのは、まだ高度成長の終焉が予見されていなかった一九七二年の自民党総裁選挙以前の一九七一年であり（福永前掲書、一五三頁）、同構想の着想は、一九三六年の大蔵省入省当時に読んだ、内務省地方局有志による『田園都市』から得られたものだという（森田『心の一燈』三〇頁、森田へのインタビュアーの発言）。ちなみに、この内務省有志の『田園都市』は、第二章で詳しく説明するように、イギリスのE・ハワードが提唱し、同国の都市、レッチワースなどとして実現された「田園都市構想」をモデルとしたものであり、そこには、イギリスをはじめ先進諸国が共通に苦しんだ産業化と経済発展の弊害に関する苦く貴重な歴史的英知が込められているのである。

こうした構想の欠陥を、今日の視点からあげつらうことは容易なことだろう。筆者自身も、特に田園都市構想に密接な関連を持った柳田国男の観点からいくつかの点について改善をはかるつもりである。

直接の証拠を挙げることはむずかしいが、私見では、「中農養成策」『時代と農政』『都市と農村』など、農政官僚、農政学者としての柳田の著作のなかには明らかに、ハワードあるいは内務省有志の田園都市構想と触れあい、葛藤した痕跡が看取される。柳田の「田園都市国家構想」は——彼自身はこうした言葉を使っていないが——ある面ではハワードらのそれと重なり合い、ある面ではそれと鋭く対立する。同様の両義的関係は大平構想との間にも看取され、これらの間の交錯を分析した上で、構想をさらに発展させることが本書の主要な目的の一つとなる。

いずれにしても、現状に追随することも埋没することもなく、また非現実的なユートピアの夢想に飛翔することもなく、現実を着実に改善することを可能とする将来ビジョンを構築するのは、思いのほか困難な仕事である。しかし、だからこそ、田園都市国家構想を二一世紀日本の今によみがえらせ発展させることは、やりがいのある意義の大きな仕事であるともいえるのである。

第一章

大平正芳の田園都市国家

1　哲人政治家とブレーンたち

†哲人政治家・大平正芳の生涯

田園都市国家構想の分析に入る前に、事実関係については福永『大平正芳』に主に依拠して、「哲人政治家」とも評された大平の政治家としての思想と行動を一瞥しておこう。

大平は、一九一〇年（明治四三年）に、香川県三豊郡和田村（現観音寺市）の農家に生まれた。貧農でも富農でもない中流農家だったらしいが、子どもを六人抱えた父、大平利吉家の生活は苦しいものだった。

少年時代の大平は、政治家になってからと同様、温厚で辛抱強く目立たない存在であった。一三歳で地元の中学に進学するが、在学中に腸チフスに罹り四カ月病床に伏し、引き続いて利吉が胃潰瘍で死去するなど、彼の少年期は順風満帆というわけではなかった。そのためもあってか、一九二八年に高松高等商業に入学後、キリスト教に出会い、次の年に観音寺教会で洗礼を受ける。この頃の大平の内面のドラマを知りたいところだが、残念ながら詳しいことはわからない。

高松高商を卒業後、一年間化粧品会社に勤めたあと、運よく奨学金を得て、東京商科大学（現一橋大学）に進学し、二年生になると上田辰之助のゼミナールに参加、「職分社会と同業組合」と題した卒業論文を書いて、同大学を卒業した。

卒業論文は、R・トーニーが『獲得社会』で分析した「強欲資本主義」の弊害を、トマス・アクィナスの「協同体思想」によって克服する道を模索したものだったことからもわかるように、大学時代も大平のキリスト教への情熱は持続したようだ。

大学卒業後は高等文官試験に合格して大蔵省に入省し（一九三六年）、大平の高級官僚としての人生が始まる。

大蔵省でのキャリアは、横浜税務署長（一九三七年）、仙台税務監督局関税部長（一九三九年）などを経て、大蔵省主計主査（一九四二年）、東京財務局関税部長（一九四三年）と、東大卒偏重といわれた同省にあって、きわめて順調に見える。

戦後は大蔵省に席を置きながら第一次小磯内閣の津島寿一蔵相の秘書官を務めたあと、一九四九年に池田勇人蔵相の秘書官となり、一九五二年に大蔵省を退官して、衆議院選挙に香川二区から立候補して当選。それ以後は池田内閣の官房長官（一九六〇年）、外相（一九六二年）、自民党副幹事長（一九六四年）、政調会長（一九六七年）、第二次佐藤内閣の通産大臣（一九六九年）を歴任したあと、宏池会第三代会長に就任し（一九七一年）、一九七二年自民党総裁選挙に初出馬し敗れるが、第一次田中内閣の外相に就任し、日中国交回復に尽力する。

その後、有名な「三角大福」の確執を経て総理大臣に就任し（一九七八年）、第二次大平内閣を成立させるが（一九七九年）、まもなく、内閣不信任案の可決を受けて行なった解散と衆参同日選挙運動のさなかに急死する。

最後は悲劇的だが、それ以前の大平の官僚と政治家のキャリアを通覧してまず受けるのは、順風満帆の道を歩んできたなという印象である。いくら池田勇人に重用されたからといって、五〇歳で官房長官、五三歳で外務大臣、五九歳で通産大臣、六八歳で総理大臣というのは、やはり出世街道というべきではないか。

もちろん、「三角大福戦争」以前から、カネと権力と謀略が渦巻く永田町の生活が楽しいだけのはずもなく、大平はしばしば心に深い傷を受けたに違いない。その生活の途上で、彼が、最愛の長男をベーチェット病で亡くし、盟友田中角栄とともに涙を流したことも付け加えておこう。

†楕円の哲学

しかし、それにしても、角栄のような集金能力も実行力もないかに見える、「目立たない」大平が、どうしてこれほど順調なキャリアを積み上げてこられたのかという点についての疑問が消えないのである。

彼の人柄のよさが一つの理由ではあろうが、「人柄のよさ」だけで通るほど政治は甘くはない。やはり、彼の学識と政策立案能力と実行力に抜群のものがあったからに違いない。「政敵」であった不破哲三日本共産党議長（当時）の、自民党幹事長時代の大平への次のような評言は、おそらく的を射ているのであろう。

「大平さんのアーウーは伊達ではなくて、国会での答弁にしろ、討論会での発言にしろ、議事録を起こしてアーウーを抜くと、きちんと筋の通った文章になっている、ということも、政治通のあいだでは評価されていました。……むずかしい問題でも、議論をつくして結論が出ると、その場できちんと回答を出す。そしていったん回答を出したら、確実に実行しました。その後は、自民党幹事長でそういう人物に出会うことは、まずなかったですよ」（『私の戦後六〇年・日本共産党議長の証言』。福永前掲書、一四頁からの再引用）。

しかし筆者のような政治の現実に疎い者には、大平の政治哲学の「哲学」部分により多くの興味をそそられる。

大平は、横浜税務署長だった一九三八年の新年拝賀式で、職員に向かって次のような挨拶をした。

「行政には、楕円形のように二つの中心があって、その二つの中心が均衡を保ちつつ緊張した関係にある場合に、その行政は立派な行政と言える。……税務の仕事もそうであって、一方の中心は課税高権であり、他の中心は納税者である。権力万能の課税も、納税者に妥協しがちな課税も共にいけないので、何れにも傾かない中正の立場を貫く事が情理にかなった課税のやり方である」(『素顔の代議士』。福永前掲書、三四頁からの再引用)。

これは、しばしば「楕円の哲学」と呼ばれる大平の人生哲学と政治哲学を、税務に即して述べたものだが、それは、アリストテレス以来の「中庸の哲学」を大平なりに表現したものといってよい。「楕円の哲学」あるいは「中庸の哲学」は、「足して二で割る」たぐいの妥協の処世術ではない。アリストテレスの場合は古代ギリシアのゼウス、大平の場合はキリスト教の絶対者への信仰を支柱とした緊張感に溢れた哲学なのである。

楕円の二つの中心は、「過去」と「未来」という時間に関わる二つの中心でもある。先(二九頁)の引用文のなかの「未来と過去が緊張したバランスの中にあるように努めていくのが、『健全な保守』というものではないだろうか」という文章は、「楕円の哲学」を時間の文脈において述べたものとしてよいだろう。大平の「永遠の今の哲学」は、「楕円の哲学」の別の表現でもある。

†ブレーンたち

九つの政策研究会の錚々たるメンバーにも触れておかなければならない。すべての研究グループのすべてのメンバーに触れたいところだが、紙幅の関係上、次頁の二グループについてのみ、全メンバーを挙げておく（図表2）。

各報告書の序文を読むと、それらが、研究会メンバーによる報告と討論を基礎としながら、幹事が起草し、その草案に議長が調整を加えでき上がったものであることがわかる。従って、報告書の作成に最も責任があるのは、田園都市構想研究グループであれば幹事の香山健一と山崎正和と議長の梅棹忠夫、家庭基盤充実研究グループであれば幹事の香山健一と志水速雄と議長の伊藤善市であり、二つの報告書の作成を通して、とりわけ香山の役割が大きかったとしてよいだろう。

香山は東大入学後、学生運動に参加して全学連委員長となるが、日本共産党と対立して同党を脱退し、島成郎らと共産主義者同盟（ブント）を結成して、一九六〇年安保闘争を主導した。闘争後は大学院に戻って研鑽を積んだあと、学習院大学に就職し、政治学の研究教育に当たったが、大学人になってからの香山の政治的立場は保守的になった。彼は、いわゆる「（左翼からの）転向者」だったわけである。そういえば山崎正和も中学生時代は

田園都市構想研究グループ（一九八〇年七月七日）

議長	梅棹忠夫	国立民族学博物館館長
幹事	香山健一	学習院大学教授
研究員	飽戸弘	東京大学助教授
	石井威望	東京大学教授
	小池和男	名古屋大学教授
	竹内宏	日本長期信用銀行調査部長
	木村仁	自治省行政局振興課長
	下村健	厚生省大臣官房総務課長
	長澤哲夫	国土庁計画・調整局計画課長
	松本弘	建設省計画局参事官
	山崎正和	大阪大学教授
	浅利慶太	演出家
	黒川紀章	建築家
	小林登	東京大学教授
	植木浩	文部省大臣官房会計課長
	小粥正巳	大蔵省大臣官房秘書課長
	谷野陽	農林水産省水産庁漁政課長
	星野進保	経済企画庁長官官房秘書課長
研究員・書記	太田信一郎	通産省資源エネルギー庁公益事業部計画課課長補佐
	田谷広明	大蔵省主計局主査（防衛一係）
	長野厖士	大蔵省主計局主査

家庭基盤充実研究グループ（一九八〇年五月二日）

議長	伊藤善市	東京女子大学教授
幹事	香山健一	学習院大学教授
研究員	菊竹清訓	建築家
	小林登	東京大学教授
	鈴木二郎	東京都精神医学総合研究所神経生理部門主任
	竹内靖雄	成蹊大学教授
	橋田寿賀子	放送作家
	深谷和子	東京学芸大学助教授
	米山俊直	京都大学助教授
	伊藤茂史	建設省住宅局住宅政策課長
	鉄炮塚端彦	警察庁長官官房審議官
	安原正	大蔵省主計局主計官
	吉岡博之	経済企画庁調査局審議官
	太田信一郎	通産省貿易局総務課課長補佐
	長野厖士	大蔵省主計局主査
	志水速雄	東京外国語大学教授
	桐島洋子	作家
	小堀桂一郎	東京大学助教授
	遠山洋一	バオバブ保育園長
	原ひろ子	お茶の水女子大学助教授
	水野肇	医事評論家
	菴谷利夫	文部省初等中等教育局幼稚園教育課長
	佐藤欣子	総理府青少年対策本部事務官
	久本禮一	福岡県警察本部長
	横尾和子	厚生省大臣官房統計情報部情報企画課長
	渡邊尚	国土庁土地局土地政策課長
	田谷広明	大蔵省主計局法規課課長補佐
ゲスト・スピーカー	ロバート・A・オルドリッチ	コロラド大学教授
	古山剛	警察庁刑事局保安部少年課長
	塚本恵美子	（社）農山漁家生活改善研究会専務理事

図表2　政策研究会メンバー

（注）肩書きは当時、年月日は報告書の提出日。

（出所）福永前掲書 p.284、p.287（一部省略）

共産党員であり、佐藤誠三郎も学生時代は共産党員、別の政策研究グループに所属していた西部邁も、ブントでの香山の年下の同志だったから、大平政権のブレーン集団ではなぜか「転向者」が大きな役割を果たしたことになる。

大平とブレーンたちの間にどういう交流があったのか、大平の人生・政治哲学と、各分野での一流の研究者であり論客だったブレーンの学問や思想とが、どういう点で共鳴したのか、しなかったのかなどの点について詳しいことはわからない。が、大平も寸暇を惜しんで出席し発言していたという研究会の席上だけでなく、パーソナルな次元での交流も少なからずあったようだ。たとえば、香山健一と佐藤誠三郎はしょっちゅう大平の私邸に顔を出していたし、公文俊平も香山、佐藤ほどではなかったにしても、時々顔を出していたといわれる（森田前掲書、一六六頁）。

筆者の想像では、大平自身はもちろん、各研究会には、形式的でお座なりな「審議会」を超える熱気、「新しい国づくりをしよう」という熱気が感じとられたのではないか。演出家であり評論家でもあった津野海太郎から「国家デザイナー」と評された梅棹忠夫は、一九八〇年に発表されたエッセイのなかで、「それは（田園都市国家構想――引用者）、文明のひとつのモデルづくりであり、長期的に達成しなければならない国家目標のひとつなのである」と言い切っている（「新京都国民文化都市構想」三二三頁）。「文明のモデルをつくる」―

―これは相当な意気込みではないだろうか。

2 報告書『田園都市国家の構想』

†大平正芳の理念

大平の田園都市国家構想の内容を、報告書『大平総理の政策研究会報告書―2 田園都市国家の構想』に基づいて具体的に検討することにしよう。

一九七九年一月一七日に開かれた政策研究会・田園都市構想研究グループの第一回会合での大平総理発言の要旨は、次のような書き出しから始まっている。

「田園都市構想というのは、今後相当長期間にわたって、国づくり、社会づくりの道標となるべき理念である。

人と自然、都市と農村に、ひとつの視点から新しい光をあてようとするものである」(二一頁)。

これに続いて、発言要旨には、構想実現に当たっての地方自治体の自主性の尊重、開かれた地域主義、教育文化など人間の広い営みの尊重、緑と自然に包まれたみずみずしい人間関係の展開などの理念が簡潔に述べられている。

†報告書の歴史的背景

報告書は、大平のこうした発言を受け、一年以上にわたる研究会での議論を経て、主に香山、山崎、梅棹の手によってまとめられるわけだが、大平の理念のルーツをたどれば当然ながらというべきか、興味深いのは、その序章の「歴史的回顧と展望」のなかで、「都市と農村の結婚」というフレーズで有名な、E・ハワードの『明日――真実の改革に至る平和な道』や『明日の田園都市』、A・R・センネットの『田園都市の理論と実際』や、それを受けて提出された内務省地方局有志（井上友一、生江孝之など）の報告書『田園都市』など、二〇世紀初頭に書かれた田園都市論の古典ともいうべき文献が、イギリスのレッチワースの実施例の紹介なども含めて、かなり詳しく紹介されていることである。

内務省報告書の復刻版『田園都市と日本人』に香山が長い序文を寄せているのを見ると、この部分は香山の手になるものと考えてほぼ間違いない。これは大平と香山のコミュニケーションの結果なのか、偶然の一致なのかを筆者は確認する術を持たないが、いずれにしても、大平内閣の田園都市国家構想が、すでに述べたように、高度成長終焉後の思いつきなどではなく、七、八〇年以上の歴史的ルーツを持つことを示していて興味深い。

実は、筆者は、香山らによるハワードや内務省の田園都市構想の回顧の仕方に違和感を持つ者だが、その点はあとで詳しく述べることにしよう。

こうした歴史的回顧を踏まえて報告書は、およそ一五〇頁にわたって実現すべき「田園都市国家」の構想を述べるわけだが、その紹介と検討に当たって、目次の骨子だけでも示しておくのが便利だろう。

『田園都市国家の構想』目次

†報告書の思想

目次からも窺われるように、田園都市国家構想のキーワードは、「田園」「都市」「地域」（「地方」）、「文化」「人間」「自然」などであり、その理念は、「都市に田園のゆとりを、田園に都市の活力を」というフレーズに集約される。

「都市」に象徴される現代文明と、「田園」に象徴される「地域」「地方」「自然」などの調和を目指すというものとしてよいが、その場合「人間」と「文化」が強調されている点に注意したい。つまり田園都市国家構想が「都市に田園のゆとりを、田園に都市の活力を」もたらすことを目指すのは、従来の近代化や工業化や高度経済成長の帰結を反省して、より人間的で文化的な国家をつくるためにほかならない。

先に述べた大平発言と大略同趣旨の理念が示されているとしてよいが、この報告書ではいくぶん「文化」の比重が強まった形となっているといってよいかもしれない。ただし、「高度経済成長」が否定されても「経済成長」自体が否定されているわけではなく、なにほどかの経済成長を前提とした議論になっているが、その場合でも、「脱工業化社会」「ファイン・テクノロジー」（工業化社会の巨大技術と区別されたＩＴなど）などの多用からも窺われるように、これまでとは質的に異なった成長が目指されている。

「人間」や「文化」が強調されるのも、この思考のラインに沿ったものであり、物質的なものから精神的・文化的なもの、「豊かさの量」から「豊かさの質」への価値観の転換を目指したものとしてよい。「文化の時代の到来」という歴史認識は、すでに述べたように、この報告書に限らず、すべての研究グループの報告書に共通するもっとも重要なライトモティーフの一つなのだ。

もう一つ注目されるのは、報告書が、「文化の創造」と並んで「文化の伝統」、すなわち明治以来の「文明開化」あるいは「西洋化」の偏重を改めて、日本固有の文化的伝統の継承を謳っていることである。「脱工業化」は「脱西洋化」を目指すことでもある。「地方」の強調は、明治以来の急速な経済発展に伴う過度の経済的・政治的中央集権化を是正し、地方分権化を促進するためだが、この場合にも、前近代の日本では、徳川幕藩体制に見られるように、中央集権化は例外的事態であり、分権社会という本来の日本の姿に立ち返ろうという意図が見られる。「人間」と「自然」の尊重という考え方にも、「日本社会では、元来、潤いのある人間関係と自然との調和が一般的だった」という思いが込められているが、この点は、あとで述べる家庭基盤の充実構想と密接な関係にある「日本的福祉社会」論にさらに如実に示されている。つまり、報告書の一つの思想的軸は「日本的伝統の復権」ということである。

もう一つ、報告書全体に流れる思想的トーンは自由主義であり、「地方」の自主性と創意、「家庭」と「地域コミュニティ」の充実、「大きな政府」より「小さな政府」の尊重などの提言は、このトーンに沿ったものである。

以上を要するに、「文化の時代」「脱工業化」「脱西洋化」「伝統主義」「自由主義」などが入り混じった独特の思想が報告書を特徴づけているといってよいだろう。

3 報告書が示す具体策とその限界

†「多極重層構造」の田園都市国家

報告書はもちろん思想ばかりを語るのではない。報告書は、来るべき「田園都市国家としての日本」の構造を「多極重層構造」という言葉で表現し説明している。

「多極重層構造」の田園都市国家としての日本は、緑豊かに再編成された首都、東京に大阪と名古屋を加えた三つの「大都市圏」——それ自体が多核化され分権化された「大都市圏」——を大きな中心とし、伝統と新しい文化に彩られ、制御された高次中枢管理機能をもつ人口一〇〇万人程度の「ブロック中枢都市」、それらをとりまく人口三〇〜五〇万人程度の「広域中核都市」、さらにそれらをとりまく人口一〇〜三〇万人程度の「地域中核都市」と、自然と調和した美しい都市的生活環境の整備された人口五〜一〇万人程度の多数の「地方中小都市」と「農山漁村」が融和し一体化した「田園都市圏」が有機的に結びつけられたネットワークとしての国となる（六二頁）。経済力や政治力などの点では、「大都市圏」を頂点、「田園都市圏」を底辺としたヒエラルキー、すなわち「重層構造」を持つが、各都市・各地方・各部署の独立性や自主性が最大限尊重されているという意味では「多極構造」を持った分権国家といってよい。

というよりむしろ、田園都市国家としての日本の基礎は全国に無数に点在する田園都市圏の中小都市や農山漁村、相互に融合し一体化したそれらであり、それらにおいてこそ、報告書の理念「都市に田園のゆとりを、田園に都市の活力を」が実現されることが期待されるのである。

†さまざまな具体策

思想や国家構造の構想はよしとして、では、どうやって具体的に、「脱工業化社会・日本」において「文化の時代」と「地方の時代」を実現し、人間と自然の調和を図るのか。大部とはいっても高々一五〇頁ほどにすぎない報告書に詳しい説明を求めるのは無理なことを承知の上で、さらにその具体策のいくつかを読み取ってみよう。

まず「文化」についてだが、報告書は、議論の前提として、現代大衆社会の文化状況が、誰もが同じものを、メディアに与えられるままに享受するという「複製文化の時代」にあるが、今後は、それとは違って、「本物の文化」「生（なま）の文化」「自ら形成に参加する能動文化」「多様で個性的な文化」などを特徴とする「脱大衆文化の時代」に変化するという見通しを述べている（九〇〜九二頁）。

そうした時代に対応するためには、文化の供給者と需要者が近接した場所に居住する必要があり、自ら文化の形成に参加することを希望する者が手軽に利用できる施設などが用意されている必要があるが、この点で特に不利な環境に置かれているのが、地方都市や農山漁村、つまり田園都市圏であり、中央と地方の「文化格差」の一因となっている。従って、文化人、機能、施設などが地方の地域社会に分散されなければならない。より具体的には、たとえば、図書館、博物館、美術館、劇場、音楽堂、公民館、各種スポーツ施設などが地方に建設されなければならない（九四〜一〇〇頁など）。

人間と自然の調和に関しては、「太陽と水と緑の蘇生」（一一八頁）が実現されなければならない。この点である意味で有利なのは、元来「太陽と水と緑」に恵まれている田園都市圏であり、地方都市が近郊の農山漁村に都市的便益を提供する一方で、後者は前者を緑でつつみ、都市住民の憩いや健康維持回復のための空間などを与える（六五頁など）。「太陽と水と緑の蘇生」を最も必要としているのは、もちろん「都会砂漠」と形容されることもある大都会であり、この点については、市街地の思い切った高層化によるオープンスペースの確保と緑化なども必要である（七四〜七五頁）。

さらに中央と地方の都市の周辺に「田園都市林」を建設するのも、「都市に田園のゆとり」をもたらすための一つの方法である（一二二〜一二五頁）。

しかし、過疎化しつつある地方が「どうやって喰っていくか」という問題もある。そのためには地方経済の活性化が不可欠だが、そのためには「七つの視点」が重要である（一二七〜一三〇頁）。すなわち、「就業機会の創出」「個性ある地域づくり」「文化・社会面の重視」「自然環境との調和」「自主性・多様性の尊重」「民間の活力ある展開」「中央・地方政府の補完」の計七つの視点に立った施策が必要であり、ファインテクノロジーなどの発展は、こうした視点からの地方産業の発展を可能とする条件を整備しつつある。

すなわち超精密機械、超LSI、コンピューター・ソフトウェア、エンジニアリング・ノウハウなどのファインテクノロジー型の産業は、CO_2入りの煤煙や有害物質入りの排水を出さないなどの意味で「クリーン」であり、また立地にも「クリーンな環境」を必要不可欠とするから、「脱工業化社会」にふさわしい地方産業活性化の手段となりうる（一四八〜一四九頁など)。

報告書のもう一つの特徴は、「潤いのある人間関係」や「あたたかい心の触れあい」のある社会形成を目指していることである。報告書は書いている。「近代化、産業化、都市化の進展のなかで、人と人とを結ぶ絆が弱くなってきている。潤いのある人間関係を育み、自立自助と相互扶助の精神の調和のなかで、固有の文化や伝統を尊重する人間本位のコミュニティづくりが求められている」(一五三頁)。

ここには、日本の文化や伝統に根差した「共同体主義(communitarianism)」の理想が語られている。従って、古来人々をつないできた「まつり」や社交の場でもあった商店街などの活用が推奨される。が、それだけでなく、新しい形での様々なコミュニティ活動やコミュニケーション能力向上のための教育の必要も説かれている。

コミュニティを必要としているのは大都会も、というより大都会においてこそコミュニティが必要とされており、子どもの安全と健全な発育、大人、子どもを問わない犯罪からの安全、大震災など自然災害からの安全の確保などのためにも、「小さなコミュニティ」と人々の温かい触れあいと助け合いが必要とされる。

「地球社会の時代」に対応した田園都市国家のあり方や、構想実現のための行財政改革の必要性なども説かれているが、報告書の基本的趣旨は以上で示されたと思うので省略しよう。

†限界

報告書をこうして紹介してくると、取り立てて反対のしようのない内容であることに気づかされる。工業社会の遺産の上で、ITなどの脱工業化技術を活用し、そこそこの経済成長と、田園、自然、地方、コミュニティ、家庭、人間、文化などとの調和を図る――こういわれて反論するのはむずかしい。

しかし、事実上の「公文書」ともいえる報告書ならではの制約や限界を指摘することも可能である。当代一流の知識人たちが、報告書の「表」に書かれた以外のことを知らないはずはなく、私的な著作では遠慮なく書けることでも、報告書の建前上書かなかった、書けなかったなどの事情はよくわかるつもりだが、筆者のような自由な、無責任な立場からは、いくつかの疑問を呈することが可能である。

まず、一九七〇年代という時代の制約がある。一九七〇年代は、日本にとってそれなりに困難な時代だった。冷戦時代の緊張に溢れた国際環境はさておき、国内に眼を限定しても、二度のオイルショックと高度成長の終焉、水俣をはじめとする公害問題の噴出など問題は山積していたが、しかし、それでも、まだ五％前後の経済成長（「安定成長」）は維持し

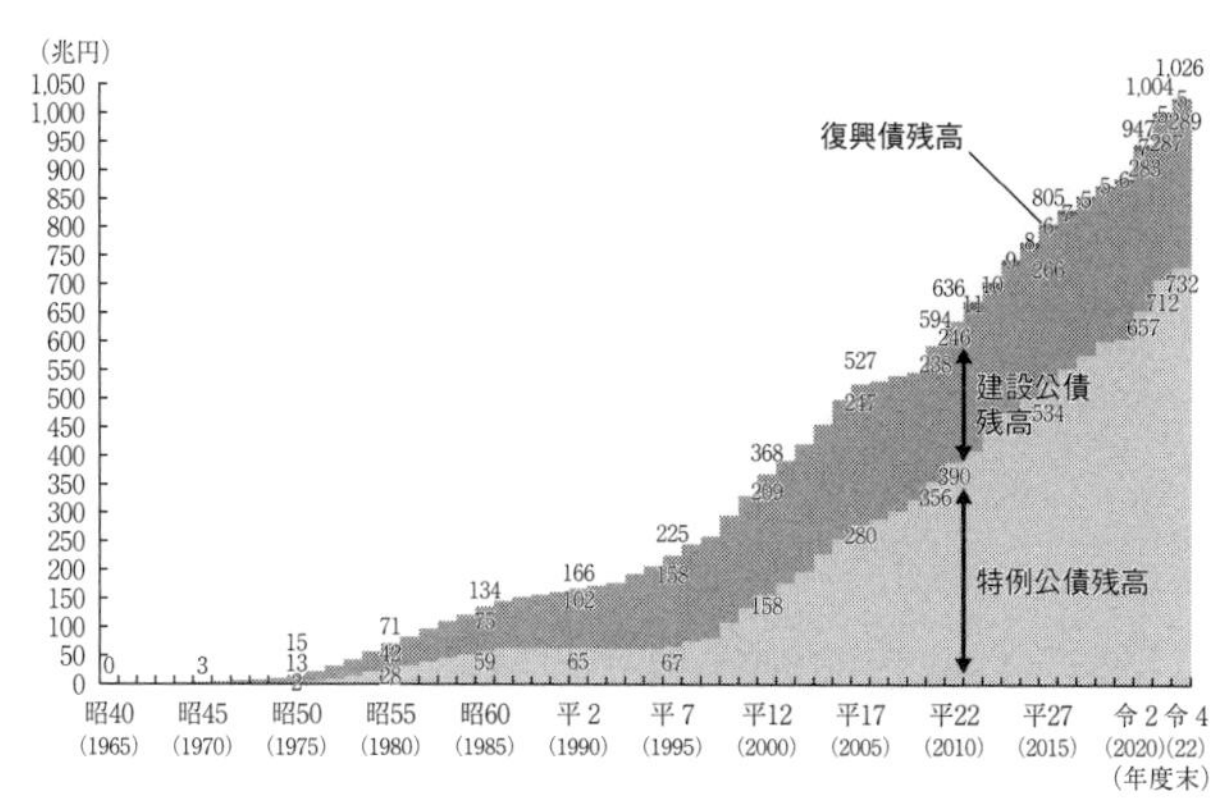

図表３　国債残高の推移

（注）図中の「特例公債」とはいわゆる「赤字国債」を意味する。

（出所）財務省「普通国債残高の累積」『財政に関する資料』2022年
：https://www.mof.go.jp/tax_policy/summary/condition/a02.htm

ていたし、財政赤字（一般会計税―一般会計歳出）も政府の国債残高も、昭和四五年（一九七〇年）頃を境にじりじりと増え始めていたとはいえ、最近のそれらと比べればはるかに低水準に留まっていた（図表3）。

さらに、少子高齢化時代はやがて来ることが予想されてはいたがまだ現実化せず、当時の日本は若かった。地方の人口減少、人口の都市集中は始まっていたが、「地方消滅」が叫ばれるような危機的状況にはなかった。そうした事実の当然の結果として、膨大な財政赤字あるいは国債残高、少子高齢化、「地方消滅」などに関する危機意識は報告書には感じられない。

特に報告書には、農業という「地方産業」の振興策が書かれていないことには少なからぬ疑問を感ずる。報告書にしばしば登場する「地域あるいは地方の自主性」という言葉には、「守りの農業」ではなく「攻めの農業」という発想が含まれているのかもしれないし、同書の自由主義的スタンスからは含まれても不思議ではないが、保護するにせよしないにせよ、ともかく明確な農業政策は書かれていない。「農林水産族」への政治的配慮のためか。

さらに「文化」論についても不満が残る。「モノから文化の時代へ」というスローガンには賛成するが、たとえば都市文化に関する考察には彫琢（ちょうたく）の余地があるように思う。これまでの現代都市文化がW・ベンヤミンのいう「複製文化」だという指摘は正確だが、その時代が七〇年代に終わり、「本物指向の時代」が始まりつつあったというのは信じがたい。報告書は、現状・現実の認識＝ザインではなく、今後こうあれかしという希望＝ゾレンを語ったのかもしれないが、いずれにしても、この二一世紀の日本にあっても、都市の文化の主流は依然として「複製文化」、群をなす「大衆文化」のままではないか。

もちろん「本物の文化」「生（なま）の文化」「能動の文化」「多様で個性的な文化」を求め体現している人々はいるだろうが、それは七〇年代でも二一世紀でも同じことであり、多くの者は、ネットを介して、次から次へと何の脈絡もなく、津波のように溢れ出てくる「複製文化」に踊らされているのではないか。

中央と地方の「文化格差」という言い方にも不満が残る。ここには中央の高級文化が地方に及ばないという、都会人の奢りと偏見がいくぶん感じとられる。「文化」を一次元の数値（スカラー）で計量し序列化した上で、その多寡を問題にするという姿勢が窺われる。もちろん、地方にいれば一流のミュージシャンや俳優のライブのパフォーマンスに接する機会が乏しいなどの「格差」があり、報告書も指摘しているように、それが、若者の都会流出の理由の一つになっているという事情も否定できない。また報告書は、いくつかの箇所で、「まつり」を含む田舎の伝統文化の重要性を指摘してもいるのだが、いささかとってつけたような印象を免れない。少なくとも、柳田国男が「地方文化」にかけたような情熱は感じとられない（この点はあとで詳しく述べる）。

さらに「太陽と水と緑の蘇生」などというスローガンには、気持ちはわかるが、違和感を感じざるをえない。それというのも、自然は、「人にやさしい顔」だけを持つのではないからだ。エイズウイルス、コロナウイルス、がん細胞、猛獣、地震、雷、台風、大雨、土砂災害、津波なども自然に含まれることを思えば、自然は「恐るべき顔」も持ち、人間の敵ですらありうる。このことを、一流の知識人である執筆者たちが知らぬはずはないが、プラスイメージを出すべく宿命づけられた公的報告書の制約のためか、「太陽と水と緑の蘇生」のような大衆受けするキャッチフレーズを前面に出さざるをえなかったのであろう。

にもかかわらず、経済成長と産業発展に偏した戦後日本のあり方を、その大きな成果を認めつつも批判し、それとのバランスをとるものとして、地方、文化、コミュニティ、家庭、自然の尊重を国家戦略として打ち出した田園都市国家構想の意義は大きい。それは、東郷和彦(「安倍晋三の『戦後レジームの脱却』」)がいうように、高度成長以後の日本の国土計画の原型をつくった。

実際、詳細な因果関係は今後の課題としなければならないが、五次に渡って作成された国土計画、全国総合開発計画(「全総」)の第一次(「一全総」)と第二次(「二全総」)が、経済成長と経済開発一辺倒だったのに対して、第三次「三全総」以降には、自然保護や地域コミュニティの活性化など、田園都市国家構想の意匠が少なからず反映されているように思われる。それだけに、その構想がほとんど実現されないばかりか、むしろ現実がますます構想から遠ざかっているのが惜しまれるのである。

†家庭基盤の充実構想との関連

さて、すでに述べたように、田園都市国家構想と家庭基盤の充実構想とは密接な関連にあるので、後者の構想と前者の関連も説明しておこう。

政策研究会・家庭基盤充実研究グループの第一回会合で大平は次のように発言している。

「明治以後百余年の近代化の歴史を経て、わが国はいま新しい文化の時代を迎えている。経済的、物質的豊かさをかちえた今日、国民の間には、その成果を踏まえ、特に戦後の高度成長の過程で置き忘れてきた人間性や生きがい、生活の充実感を取り戻そうとの気運が強まっている。……

こうした見地から、今回、田園都市構想と家庭基盤の充実という二つの構想を提唱した次第である。この二つの構想は、基本的には同じ理念でつながっているものであると思う」（『大平総理の政策研究会報告書―3　家庭基盤の充実』二一頁）。

二つの構想をつなぐ「同じ理念」とは、人間性、生きがい、生活の充実感、文化、家庭、地域コミュニティ、地方、田園、自然など、戦後日本の高度経済成長や産業発展が置き忘れてきたすべてのものの再生ということだろう。

家庭基盤の充実構想の内容を見るため、この場合も報告書の目次の骨子を示しておこう。

『家庭基盤の充実』目次

5　未来のための育児と家庭教育——子どものための家庭基盤の充実
6　婦人の生きがいと生活設計——婦人のための家庭基盤の充実
7　高齢者の健康と老後設計——高齢者のための家庭基盤の充実
8　自立に困難を抱える家庭への支援——心の通い合うあたたかい福祉基盤の充実
9　文化活動と多様な生涯教育の充実——文化・教育基盤の充実
10　家庭に対する情報の提供——情報ネットワーク基盤の充実
11　家庭とコミュニティの連帯——コミュニティ基盤の充実
12　国際的に開かれた家庭——国際交流のための基盤の充実
13　施策の総合的推進体制の確立——家庭基盤の充実のために行政基盤の充実

報告書は、研究グループによる報告と討議を踏まえ、香山健一と志水速雄の二人の幹事が草稿を準備し、最後に議長の伊藤善市が調整してまとめたものである。すでに書いたように、香山が、田園都市国家構想だけでなく、この構想においても枢要な役割を果たしていることが注目される。

報告書は、第Ⅰ部で「人間社会のもっとも大切な基盤集団」（二九頁）としての家庭を充実させることの意義を述べ、「自立性強化」「多様性の尊重」「助け合いと連帯」など施策実行に際しての五原則を提示するなどしたあと、第Ⅱ部では、豊富な統計データに基づいて日本家庭の現状を総合的に分析して、核家族化や単独世帯の増加などによる世帯員数の減少、結婚と夫婦関係の変化、出生率の低下、家庭における育児・教育機能の低下、高齢化社会の到来などを確認し、それらの問題点を明らかにし、それに続く第Ⅲ部では、第Ⅱ部の分析に基づいて、住宅・居住環境、家庭の経済や健康、育児と家庭教育、婦人の生きがいと高齢者の健康と老後設計、心身障碍者を抱える家庭や母子家庭など自立困難家庭への支援、文化活動と生涯教育、国際交流などの基盤の充実と改善のための一二の具体的提言を行なっている。

構想の基本的トーンは、各家庭の自立性と自主性、自助努力を強調するなどの点では自由主義的であり、それら家族と周囲のコミュニティの連帯を強調する点では共同体主義的であるが、離婚率の低さや子や孫などとの同居を望む高齢者の存在が随所で指摘されるなどの点では、日本主義的、伝統主義的でもあり、その意味でも田園都市国家構想と似ている。また第Ⅲ部の4では、「太陽と水と緑」を取り込んだ都市生活と健康な家庭基盤の充実が強調されるなど、田園都市国家構想との接続も巧みに図られているといってよいだろう。

こうした思想的傾向は、裏から読めば、地方政府や中央政府の福祉政策の役割を軽減し、子どもや老親の世話を家族、特に家庭に閉じこもった女性に押し付ける「新自由主義的家族政策」や「日本主義的家族政策」としての批判を招くことにもなる。実際、この構想と同系列とされ、香山も執筆を分担したといわれる自民党の報告書『日本型福祉社会』（一九七九年）は、多くのフェミニストや進歩的文化人の激しい批判を浴びることになった。

しかし、この構想に関していえば、専業主婦や三世代同居世帯の尊重などと並んで、夫婦の家事・育児分担の可能性（八三〜八四頁）、職業婦人の育児支援のための育児休業制度の拡充や労働時間の短縮や保育所・託児所の整備（一八四〜一八五頁）、自立困難家庭（たとえば母子家庭）への財政支援（一九〇〜一九二頁）の必要性なども強調されており、筆者には、それほど「保守的」なものには感じられなかった。

逆にいえば、筆者は、フェミニストや進歩主義者が時折示すような「北欧型福祉社会」礼賛の方に、むしろ違和感を覚える。北欧、たとえばスウェーデン型の福祉国家に学ぶべき点がないというのではない。息子や娘や嫁の老親介護の負担を国家が肩代わりしてくれる社会、若者が年寄りを見捨てても国家がきちんと高齢者の面倒を見てくれる社会は、高齢者の一人としてはうらやましい限りである。より一般的には、高齢者や自立困難者や失業者などの弱者には、自治体や国家の救済の手がきちんと差し伸べられなければならないとも思う。

しかし、その公的支援・福祉政策の財源の多くが国家権力によって強制的に徴収された税金であることを、福祉主義者は往々にして忘れる。正確にいえば、忘れているように見えることに筆者は違和感を覚える。「福祉という善意が権力によって実現される」というパラドックスを彼らはどれほど自覚しているのか。権力行使の対象が大金持ちであっても、事情は変らない。

福祉という善意は人々の善意、自発的意思、ボランティアによって実現されるのが一番望ましいが、世の中、善意ばかりで動かないこと、自由社会においても警察力などの国家権力が不可欠なことは筆者も十分に承知している。が、やはり権力による自由の抑圧にはためらいを感じるのである。

『家庭基盤の充実』にももちろんさまざまな制約がある。特に少子高齢化と人口減少の傾向については、気づいてはいるというものの、今日から見ると危機意識が薄いといわざるをえないが、ここで詳論するのは省略しよう。

4 田中角栄『日本列島改造論』との比較

†競合関係にあった大平構想と田中構想

大平の田園都市国家構想は、すでに触れたように、一九七二年に彼が自民党総裁選挙に初出馬するに先立って宏池会の長期ビジョンとして公表された。総裁選は田中角栄の勝利に終わったわけだが、田中も、この時、有名な「日本列島改造論」を打ち出したから、田園都市国家構想と日本列島改造論は競合関係にあったことになる。二つの構想を比較してみよう。

周知のように、田中は、総裁選直前の一九七二年六月に著書『日本列島改造論』を出版し、この、おそらく田中のスピーチを通産官僚らが文章化した本はベストセラーとなった。

その「序にかえて」のなかで、田中は次のように述べている。

「明治百年をひとつのフシ目にして、都市集中のメリットは、いま明らかにデメリットへ変わった。国民がいまなによりも求めているのは、過密と過疎に弊害の同時解消であり、美しく、住みよい国土で将来に不安なく、豊かに暮らしていけることである。そのためには都市集中の奔流を大胆に転換して、民族の活力と日本経済のたくましい余力を日本列島の全域に向けて展開することである。工業の全国的な再配置と知識集約化、全国新幹線と高速自動車道の建設、情報通信網のネットワークの形成などをテコにして、都市と農村、表日本と裏日本の格差は必ずなくすことができる」（二頁）。

「列島改造」の焦点は、過密と過疎、都市と農村、表日本と裏日本、東京と新潟県の経済格差の解消である。そのために全国に新幹線と高速道路網と情報通信網を張り巡らせ、ヒト、モノ、情報の流通を促進する。特に（公害のない）工業基地を中央から地方に再配置する。

「格差の解消」という点では『田園都市国家の構想』と同じだが、その場合の「格差」の主体は経済格差であり、当時まだ継続していた（と思われていた）高度経済成長の恩恵を全国津々浦々に及ぼして、平準化された「豊かな日本」を建設しよう——これが、「裏日本」の悲哀を内に秘めた田中の思い入れに裏打ちされた、『改造論』のメッセージである。

逆にいえば、『田園都市国家の構想』における、「田園」「自然」「文化」「人間」「コミュニティ」などが『改造論』においては影を潜めることになる。

『改造論』においても、これらへの配慮がないわけではない。たとえば、地方活性化の拠点で重要視された「新二五都市」の内容を説明し、十分な都市機能と産業経済活動能力を備えることとの重要性を強調したあとで、『改造論』はこう書いている。

「第三は、豊かな自然に恵まれ、地域に文化の光をともす役割を果たすことである。欧米の地方都市は、太陽と緑に恵まれた環境のもとで美術館や劇場があり、大都市に劣らない高い水準の文化活動が行なわれている。しかも民族舞踊といい、演劇といい地方色豊かな地元の文化が育ち、住民もそれを郷土の誇りとしている。日本の地方都市にも、このような特色ある文化を育てたいと思う。そのためには、住宅、道路、上下水道などの都市施設整備と並行して、劇場、美術館などの文化施設もつくることである。

第四は、地元住民が親しい人間関係を持てるニューコミュニティーの新しい地域社会でなければならない。既成の住宅団地やニュータウンは、たしかに住宅不足を解消する役割を果たしてきた。しかし、隣近所との人間関係は、おおむね、まずしいものである。……新二十五万都市は、そのような〝人間サバク〟であってはならない。新二十五万都市は、人びとがそこで気持よく暮らし、働きがいがあり、ともに人生を楽しみ、親しくつき合い、地域社会の発展や国の将来を語り合えるニューコミュニティーであるべきである」（一六六〜一六七頁）。

しかし、それらに関する記述は質量とも、「工業再配置」「交通ネットワーク」「地域開発」などのテーマより著しく劣っている。

その反面、農村というより農業の再生と振興に関しては『田園都市国家の構想』より具体的で、より踏み込んだ記述がみられる。すなわち、日本農業の生産性を向上させ高い所得を実現するためには、「少数精鋭による経営の大規模化、機械化が必要である」（一七六

頁)。すると、それによって生まれてくる農業の余剰労働力をどうやって吸収するかが問題となるが、それは「工業再配置」によって、地方に工業を分散させ、地方都市を育成して、大都市ではなく、地元、地方で吸収する。これは、あとで述べる柳田国男の「中農養成策」や地方振興策と同一の発想である。

しかし、これも周知のように、日本列島改造論は失敗した。「工業再配置」計画は、工場誘致の思惑を呼んで、全国各地の地価を高騰させ、新幹線網と高速道路網の整備は、意図に反して、地方の人口を中央に吸い取る「ストロー現象」をもたらし、中央の過密と地方の過疎を一層激化させた。そもそも、「地方への工業の分散」といっても、その後の経緯を見る限り、大企業はより人件費の安いアジアなどの国外に工場立地を求める傾向が強く、国内地方は「見捨てられる」運命にあったともいえる。

しかも、今から思えば、一九七〇年代の日本経済はすでに高度成長から「安定成長」の局面に入りつつあった。全国各地に恩恵を及ぼすべきマクロの経済成長自体は減速局面に入りつつあったのである。

こうした点では、田園都市国家構想の方が先見の明に恵まれていたといえるだろう。もちろん大平構想も、なにがしかの経済成長の持続は前提していた。さもなければ、「中央と地方の文化格差の是正」もたちどころに財源問題の壁に突き当たっていたことだろう。

しかし大平構想には、「高度成長はもう終わった」「日本国民は次の目標をどこに置くべきか」という問題意識が見てとれる。それに対して日本列島改造論には、高度経済成長を前提した上での、「新潟県という地方の怨念」ばかりが読みとれる。

†哲学の違い

こうした二つの構想の違いには、おそらく大平の「楕円の哲学」が影響している。この点に関する大平と報告書執筆者とのやりとりはわからない点が多いが、経済成長や物質的豊かさがあれば、それとバランスをとるものとしての、田園、自然、文化、人間、コミュニティ、地方がなければならないという発想は、「楕円の哲学」あるいは「中庸の思想」のものである。そして、それが、今から見れば、その後の日本の現実と必要を予見していたことは間違いない。

田中を貶しめようというのではない。ひと頃盛行した「角栄回顧ブーム」にはいささか異常な印象を受けるが、「コンピュータつきブルトーザー」の決断力と実行力、集金能力の高さと官僚操作の巧みさ、じかに接した者、野党の政治家も含めた者たちの肯定的評価に示されるような「やさしさ」——おそらく中央官界・政界ではなきに等しかった学歴や地方出身者の悲哀が裏打ちされていた「やさしさ」——に、ある種の畏敬の念を抱かない者はいない。あの日中国交回復なども、大平とともに田中がいたからこそ成し遂げられた偉業なのだ。

しかし、「田中哲学」が経済、ようするにカネ、さらにいえば数に大きくバイアスのかかった哲学だったことは否めない。大衆社会を形づくるものがカネとマスであることを思えば、保阪正康（『田中角栄の昭和』）が描いたように、田中角栄は良くも悪くも戦後日本大衆社会の申し子だったのだ。

それに対して、同じく「田舎の悲哀」を知り尽くしていた、田中の盟友、大平には、カネと数を、人間と文化と自然によってバランスさせる「楕円あるいは中庸の哲学」があった。しかも、彼の田園都市国家構想は、戦後日本の時代状況への適応の結果ではなく、戦前から密かに抱かれていた構想だった。これは、おそらく、大平の、香川の寒村出身という出自と、官僚・政治家としては異例とも思える豊富な読書体験に基づいて得られたものであろう。大平は国民大衆を厚く信頼する者だったが、彼をポピュリズムの政治家から画したのは、豊富な読書体験に裏づけられた彼独自の哲学の力だった。

第二章

E・ハワードの田園都市

1 「原点?・」としての江戸期日本

†川勝平太の推測

大平の田園都市国家構想の淵源が、内務省地方局有志の『田園都市』、さらにはイギリスのE・ハワード(Ebenezer Howard)の『明日の田園都市』に求められることはすでに述べたが、橋本内閣時(一九九八年)に作成された「二一世紀の国土のグランドデザイン――美しい国土の創造と地域の樹立」(時に「五全総」とも呼ばれる国土計画)の専門委員会の一員だった川勝平太は、ハワードの発想の淵源が幕末日本の都市の「農芸的景観」にあったのではないかと推測してのことであろう、『ガーデニングでまちづくり』のなかで次のように書いている。

「幕末に訪日した西洋人はそのような日本の都市をガーデンタウン(庭園都市ないし花園都市)というコンセプトでとらえました。……日本の生活景観はガーデンに囲まれていました。当時来訪した外国人の目に映じた日本の美しい生活景観への賛嘆は多くの記録に残されています……」(川勝「序」二頁)。

「開港後に日本を見たヨーロッパ人たちが日本はきれいな都会だ、だから我々もきれいな都市づくりをしましょうというのがガーデンシティという都市建設の運動を生みました。それは日本が開港して後のことなのです。日本はその農芸的景観の美によって西洋社会にも影響を与えたのです」(川勝平太「総論　都市化(アーバン)の理想は農芸化(ルーラル)」三三頁)。

幕末日本を訪れた西洋人の目に映った「ガーデンタウン」あるいは「ガーデンシティ」の景観とハワードの田園都市構想との直接的関係を示す証拠は不明だが、川勝の文章を読んでいると、幕末日本の都市景観や、さらに一七世紀末に来日したドイツ人学者のケンペルの紀行文『日本誌』などが西洋人に与えていた影響が何らかの形でハワード構想につながっていても不思議ではないと思えてくる。

こうした思いに根拠があるとすれば、田園都市国家構想のルーツは、イギリスなどの西洋国ではなく、ほかならぬ江戸期、あるいは幕末期の日本だったことになる。

†渡辺京二『逝きし世の面影』の日本——実像か幻影か

実際、幕末期日本を訪れた西洋人の文章を丹念に収集し翻訳し解説した、渡辺京二の傑作『逝(ゆ)きし世の面影(おもかげ)』——川勝も高く評価している著作——を読むと、幕末期日本の田園都市の美しさに、西洋人とともにほうーっと吸い込まれ魅了される自分を発見する。

たとえば、一八五九年にスイス通商調査団の団長として来日し、のちにスイスの駐日領事を務めたプロシア人、R・リンダウは、「江戸は庭園の町である。それはどこまで見ても際限のない、海に現れ、大きな川に横切られ、別荘で飾られた町である。……目を移すたびごとに、寺院や庭園や屋敷が町並の統一性を壊しにやってきて、江戸を最も個性的なものにし、初めて見た時旅行者に、最も強く最も心地よい驚きを生み出させるあの特異な様相を作り出しているのである」と書いた(『スイス領事の見た幕末日本』新人物往来社、一七二―一七三頁。渡辺前掲書、四四二～四四三頁からの再引用)。

長崎分析究理所で化学教師だったオランダ人、K・W・ハラタマは、一八六六年に江戸を訪れて次のように書いた。

「日本の町はどこも余り変わりばえがせず、似たりよったりですが……江戸は例外で、全く特別な印象を受けました。……町中ところどころに公園と云ってよい大きな庭園があるので、まるで田園の村の中にいるような気分になります。……町屋、屋根、庭、街路が織りなす多様さが素晴らしい景観をつくり出しています。町の一方は、地平線の彼方まで伸び、もう一方は、無数の漁船が群がる江戸湾に臨んでいます」(『オランダ人の見た幕末・明治の日本――化学者ハラマタ書簡集』菜根出版、五一頁。渡辺前掲書、四四三頁からの再引用)。

『逝きし世の面影』は幕末日本の田園都市の風景だけを書いているのではない。それは、同時期の日本人たちの陽気さ、貧しく簡素ではあるが、ある意味で豊かな生活ぶり、外国人に対する親しみ深く礼節あふれる態度、労働の仕方、おおらかな性風俗、子どもの楽園、信仰と祭など、西洋人の目に映った当時の日本人の民俗万端、彼らから共感と讃嘆の念を持って受け入れられた生活の総体を、美しい文体で描いたものだ。既存の邦訳書も活用されているが、未邦訳のものも多く、全部で一五〇冊を超える西洋人の文献を網羅した、大変な労作である。

ただ日本人の末裔としては、これほど西洋人からほめられると、ほめられる側面だけを見せられると、面映ゆい気分になるのも否定できない。以前にスウェーデンやブータンを礼賛する（かつてはソ連や中国を礼賛した）ジャーナリストや知識人がいたが、その時と同じく、「ものにはポジとネガの両面があり、ポジの面だけクローズアップし礼賛するのはいかがなものか。それは幻像、イリュージョンではないか」と混ぜ返したくもなってくる。あるいは、異邦人ならともかく、日本人が、いくらご先祖さまの時代のことといえ、自分の国のある時期の状態に、「西洋文明に汚される以前の本来の美しい国」を見ることは、保田與重郎が陥ってしまったような、たちの悪い自国中心主義（ethnocentricism）あるいはロマン主義となってしまうのではないかという気持ちも禁じ得ない。

しかし他方で、幕末期日本を訪れたこれほど多くの西洋人が口をそろえてほめてくれるからには、スウェーデンやブータンと同じく、昔の日本にも、そうしたよい面、すばらしい面もあったのではないか、実像の一部であったのではないかという気持ちも否定できないのである。

もし本当に、そうした良き側面が幕末期までの日本に残っていて、それが、明治の文明開化によって、とりわけ戦後の高度経済成長によって汚され、破壊され、今日の日本の都市（と農村）の「醜悪」と形容される場合もある景観をもたらしたのだとすれば、その「逝きし世の面影」を、今日の田園都市構築のための梃子として用いるのも意味のないこととはいえないだろう。

2 構想と実現――レッチワースなど

†労働者の劣悪な生活環境への視線

しかし、幕末日本の景観がハワードの田園都市構想と何らかの形でつながっていたとしても、ハワードが『明日の田園都市』、あるいはその前身の『明日：現実的改革への平和な道』を執筆した直接の動機は、幕末日本とは関係がなく、一九世紀末の、ロンドンをはじめとするイギリス大都市における労働者のあまりに劣悪な生活環境に基づいたものだったに違いない。

『明日の田園都市』の執筆動機を述べた「序」のなかで、ハワードは、D・ファラーの次の文章を引用している。

「われわれは大都市の地になりつつある。村が停滞しているか、衰退しつつある。都市はすさまじく増大している。そして大都市がますます、われらが人種の肉体的な墓場となりつつあるというのが事実であるなら、家々がこんなに醜悪で、むさくるしく、排水も悪く、放置と汚物にまみれているのも不思議なことであろうか?」(山形訳、六四～六五頁)。

これは、産業革命の成果を背景に拡張し続ける市場経済の下で、農村から都市への「民族の大移動」が起こり、都市化が急速に進行する一九世紀イギリスの過疎と過密、特に過密化が進み労働者のスラム街が至る所に出現したロンドンをはじめとする当時の大都市の惨状を鋭く指摘し嘆いた文章だが、ハワードは同様の文章をほかの著者からも多数引用しながら、それらに強く深く共感している。

実際W・ブレイクが「悪魔の引き臼」と呼んで嫌悪した産業革命と市場経済化がもたらした一九世紀イギリスの労働者大衆の生活環境は、都市のスラムに限らず、恐ろしく劣悪だった。もちろん地主階級や資本家階級は巨万の富を得ていたのであり、経済格差は信じられないほど大きかった。労働条件も、婦女子労働力が時間制限もなく酷使されるなど劣悪を極め、筆者の記憶では、二〇世紀初頭においてさえ、ジェントルマンなど支配階級の平均寿命が六〇歳ほどだったのに対して、イギリスの肉体労働者のそれは三〇歳ほどだった。恐るべき経済格差と生活格差が、恐るべき健康格差をもたらしたのである。

こうした先進資本主義国イギリスの労働者大衆の惨状を見たことから、エンゲルスが『イギリスにおける労働者階級の状態』を、マルクスが『資本論』を書き、労働運動や社会主義運動が起こり、カール・ポランニーの言葉を使えば、市場経済の拡張と破壊作用に対する「社会の自己防衛」が起こるわけだが、ここでこの点を詳述するのは省略しよう(詳細は拙著『カール・ポランニーの社会哲学』など参照)。

†『明日の田園都市』に見るハワードの思想と構想

重要なのは、ハワードがこうした「社会の自己防衛」の流れのなかにいたということである。『明日の田園都市』に付されたF・J・オズボーンの序文によれば、ハワードは、一八五〇年にロンドンの小店主の息子として生まれ、一五歳で事務員となり、二一歳の時渡米し、農業などに挑戦して失敗したあと、シカゴで速記者となり、一八七六年にイギリスに戻ると、議会記者として働いた。彼はエリートではなかったわけである。

そのハワードが、一八八八年に、社会主義的ユートピアを描いたE・ベラミーの小説『顧みれば』からインスピレーションを得て、共産主義的なコミュニティの建設を夢見るようになる。もっとも彼の共産主義熱はすぐに冷めるが、その経験は、「都市と農村は結婚しなければならない」あるいは「都市と農村の結婚」をスローガンとした田園都市構想の基礎となった。産業化と市場経済化によってもたらされた人口過密の「都会砂漠」に、農村の太陽と緑を復活させることによって、労働者というより、「社会を防衛」しようとしたといってよいだろう。

さらに、比較的最近の研究（吉村正和『心霊の文化史』第五章、長谷川章『田園都市と千年王国』第I部）によれば、ハワードは熱心な心霊主義者で、彼の田園都市構想には、社会主義の影響と並んで、「地上の天国」をこの世で実現しようとする心霊主義（spiritualism）の影響が色濃く見られるという。

一歩間違えればオカルティズムにもなりかねない心霊主義はともかく、近現代社会の世俗化された思潮と運動の背景に何らかの宗教的要因を見ようとする議論は、筆者のそれを含めて必ずしも珍しいものではないが（『市場社会のブラックホール』など）、田園都市論の領域でのこうした指摘はきわめて珍しく興味をそそられる。『明日の田園都市』のオズボーンによる序文のなかの、若年時のハワードが「……非正統派宗教家の集団に熱心に参加するようになった」（山形訳、二二一〜二二三頁）という記述などがこの点を示唆しているとも考えられる。しかし、ハワードと心霊主義との関連に立ち入るのは他日を期し、ここでは『明日の田園都市』に即した議論をするのに留めよう。

『明日の田園都市』の大部分は、あとに述べるように、意外にも田園都市計画の財政問題、かなり詳しい資金計画の記述で占められているのだが、そこにはもちろん彼のロマンも語られている。

図表4は、「Town（町）」「Country（田舎）」「Town-Country（町・田舎）」の三種類の磁石を配置した上で、真ん中にいるThe People（人々）がどの磁石に引き寄せられるか、すなわち人々が町、田舎、町・田舎のどれに一番魅力を感じるかと問うためのものだが、各磁石の上には、それぞれの場所の基本的特性とハワードが考える特性がびっしりと書き込まれている。下部の日本語の文章は、読者にわかりやすいように、原図に英文で書き込まれた特性を取り出し山形浩生が邦訳して書き加えたものである。この点をさらにわかりやすく説明してみよう。

すなわち、ハワードにとっての「町」とは、社会的な機会や娯楽や明るい街路や豪壮な建物やジン酒場に恵まれているが、自然から締め出され、高賃金職にありつくことは可能だが、長時間労働と失業の不安に耐えなければならず、その上、家や工場から吐き出され

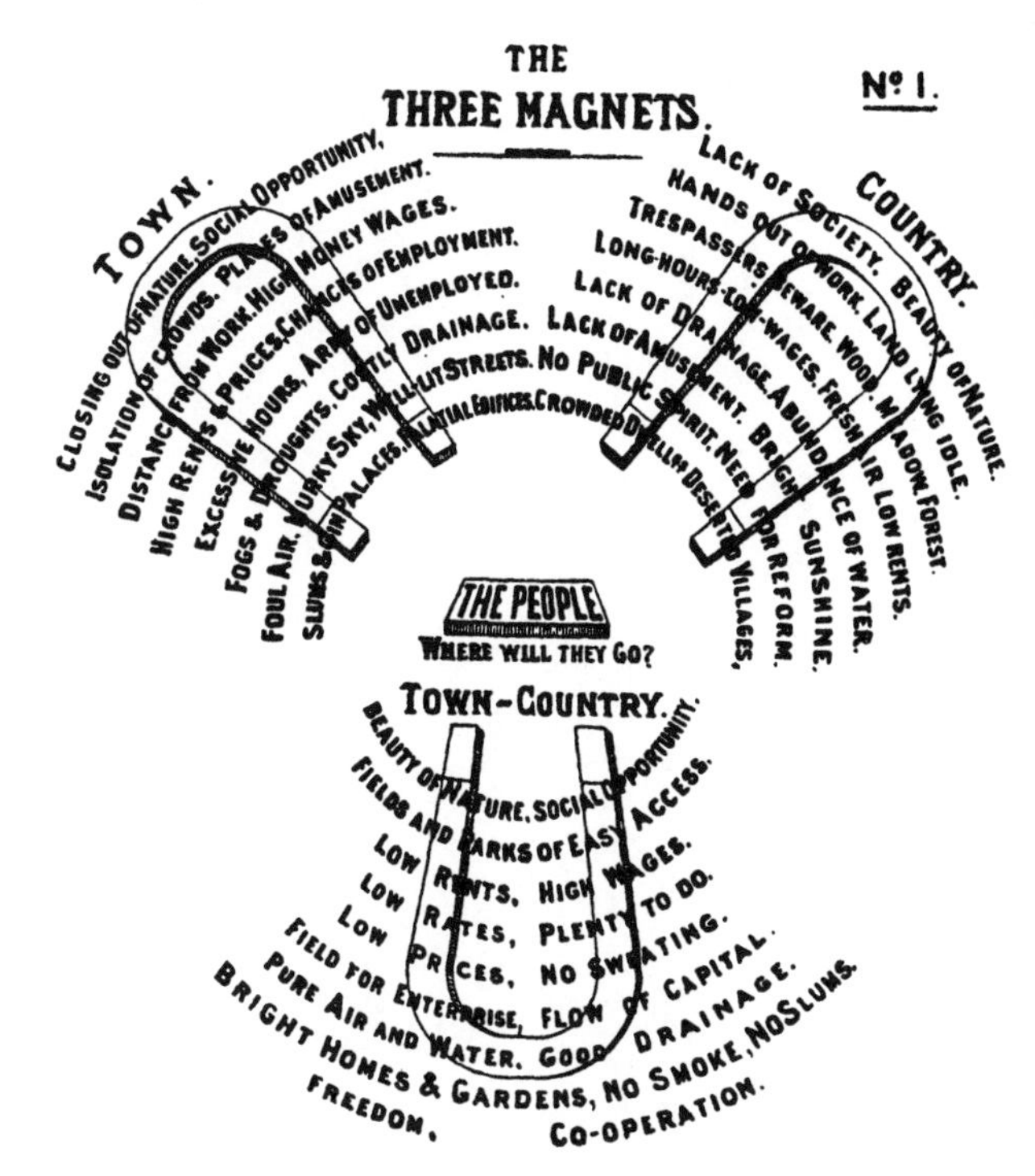

THE THREE MAGNETS

町：自然の締め出し、社会的な機会、群衆の孤立、おもしろい場所、仕事場から遠い、高賃金職、高い家賃や物価、雇用機会、長時間労働、失業者の群れ、霧や渇水、高価な排水、汚い空気によどんだ空、明るい街路、スラムやジン酒場、豪壮な建築

田舎：社会生活なし、自然の美しさ、仕事のない人々、遺棄された土地、無断立ち入り要注意、林・草原・森、長時間労働に低賃金、新鮮な空気と低家賃、排水皆無、水たっぷり、娯楽なし、明るい太陽、公共心皆無、改革が必要、混雑した住居、廃村

町・田舎：自然の美しさ、社会的な機会、簡単にアクセスできる草原や公園、低家賃、高賃金、低い税金、やることいっぱい、低物価、ゆとりの仕事、起業の機会、資金の流入、きれいな空気と水、よい排水、明るい家と庭園、煙もスラムもなし、自由、協力

人々：かれらはどこへ行くだろうか？

図表４　３つの磁石
（出所）『明日の田園都市』山形訳、p.71、図３（一部変更）

る煤煙と水不足と排水難に悩まされ、高い家賃を払えない者がスラム街の住人とならざるをえない場所である。

「田舎」とは、自然の美と新鮮な空気と豊富な水と明るい太陽と低家賃に恵まれているかもしれないが、社会生活（社交）や娯楽の場所がなく、仕事をするにも職がなく、いつやってくるかもわからない侵入者の危険がある荒地や廃村、公共心の欠如、区画整理も排水設備も用意されていないごちゃごちゃ込み合った居住などを覚悟しなければならない場所である。

それらに対して「町・田舎」は、もちろん「おいしいところどり」の常として、自然の美、高賃金の職、起業機会、潤沢な資本、低い家賃、安い税金、社交と娯楽、きれいな空気と水と排水に恵まれた明るい庭園つきの家、スラムと正反対のすばらしい家を享受できる場所であり、ハワードの田園都市とは、そうした場所を組織化してでき上がる理想の計画都市にほかならない。

こうした「おいしいところどり」の田園都市を「ユートピア」といって一蹴してはならない。

†「ユートピア」の実現

ハワードのすごいところは、そうした「ユートピア」を綿密な都市計画案と、つましいまでの経済計算によってサポートして、実際に、レッチワースその他の地方都市として実現してしまったことである。なお図表5は、以前同様、原図の下に、その邦訳を書き加えたものである。彼の構想がいかに整然とした都市計画となっているかがわかるだろう。

ハワードの都市計画、田園都市建設の手順は、大略、次のようなものである。

まず田園都市協会あるいは自治体が、二四平方キロメートルの農地を買うための資金を賄うために担保付き債券を発行し、それを四人の紳士が買う。金持ちの紳士が農地購入資金を貸すわけである。この敷地に建設されるのが「町・田舎」であり、そこへの入居者は借地代を払う。借地代は担保の信託管理人に一旦渡り、管理人は、その地代から債券の元利返済分を取り除いた残りを自治体の委員会に渡し、委員会は——あとで述べるように——その金を使って「町・田舎」の公共施設（道路、学校、公園など）の建設と維持管理を行なう。維持管理される敷地は委員会の公的所有だが、敷地購入資金は、金持ちジェントルマンの私的資金の貸与によって賄われ、その貸与には市場レートの金利がつくから、半官半民の「第三セクター」方式によって運営される「町・田舎」といってよい。

用意された敷地には、工業と農業などさまざまな業種の企業が誘致され、さらにそれら企業で雇用される労働者が「町」あるいは「田舎」から呼び寄せられ、企業の建物と労働

(a) 田園都市の全体像

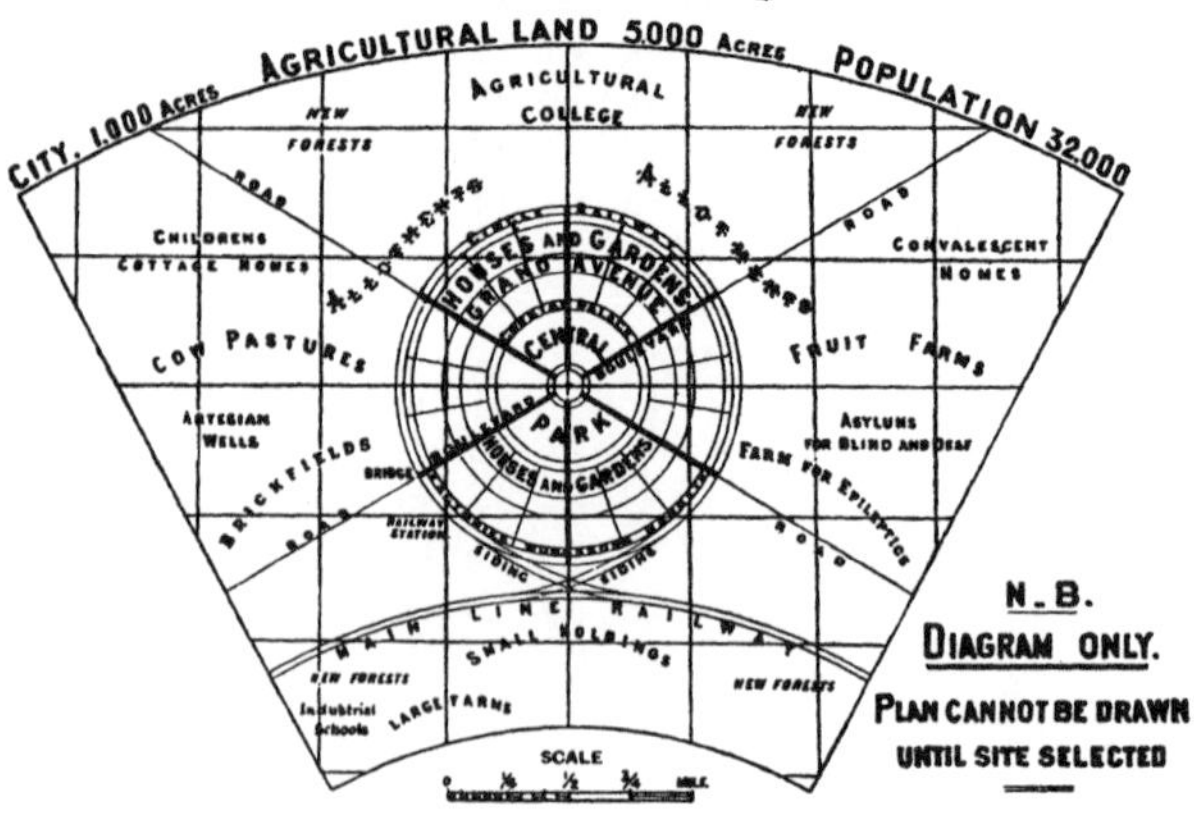

— Nº2. —
AGRICULTURAL LAND 5000 ACRES
CITY. 1,000 ACRES
POPULATION 32,000
AGRICULTURAL COLLEGE
NEW FORESTS
NEW FORESTS
ROAD
CHILDRENS COTTAGE HOMES
CONVALESCENT HOMES
COW PASTURES
FRUIT FARMS
ARTESIAN WELLS
ASYLUMS FOR BLIND AND DEAF
BRICKFIELDS
FARM FOR EPILEPTICS
HOUSES AND GARDENS
GRAND AVENUE
CENTRAL
PARK
BRIDGE
RAILWAY STATION
SIDING
SIDING
MAIN LINE RAILWAY
SMALL HOLDINGS
NEW FORESTS
Industrial Schools
LARGE FARMS
NEW FORESTS
SCALE
N.B.
DIAGRAM ONLY.
PLAN CANNOT BE DRAWN UNTIL SITE SELECTED
GARDEN CITY AND RURAL BELT

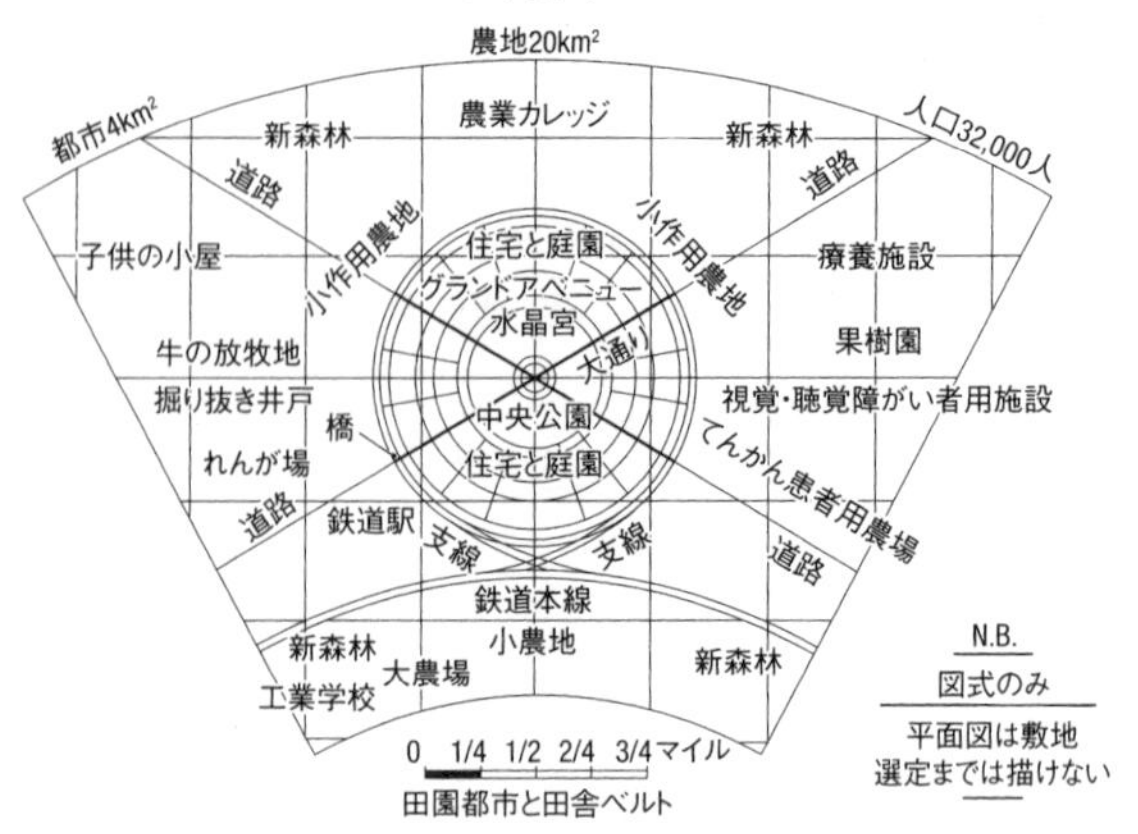

田園都市
農地20km²
都市4km²
人口32,000人
新森林
農業カレッジ
新森林
道路
道路
子供の小屋
療養施設
小作用農地
小作用農地
住宅と庭園
グランドアベニュー
水晶宮
大通り
牛の放牧地
果樹園
掘り抜き井戸
視覚・聴覚障がい者用施設
橋
中央公園
住宅と庭園
れんが場
てんかん患者用農場
道路
鉄道駅
支線
支線
道路
鉄道本線
小農地
新森林
大農場
新森林
工業学校
0 1/4 1/2 2/4 3/4マイル
田園都市と田舎ベルト
N.B.
図式のみ
平面図は敷地
選定までは描けない

(b) 田園都市の区画と中心部

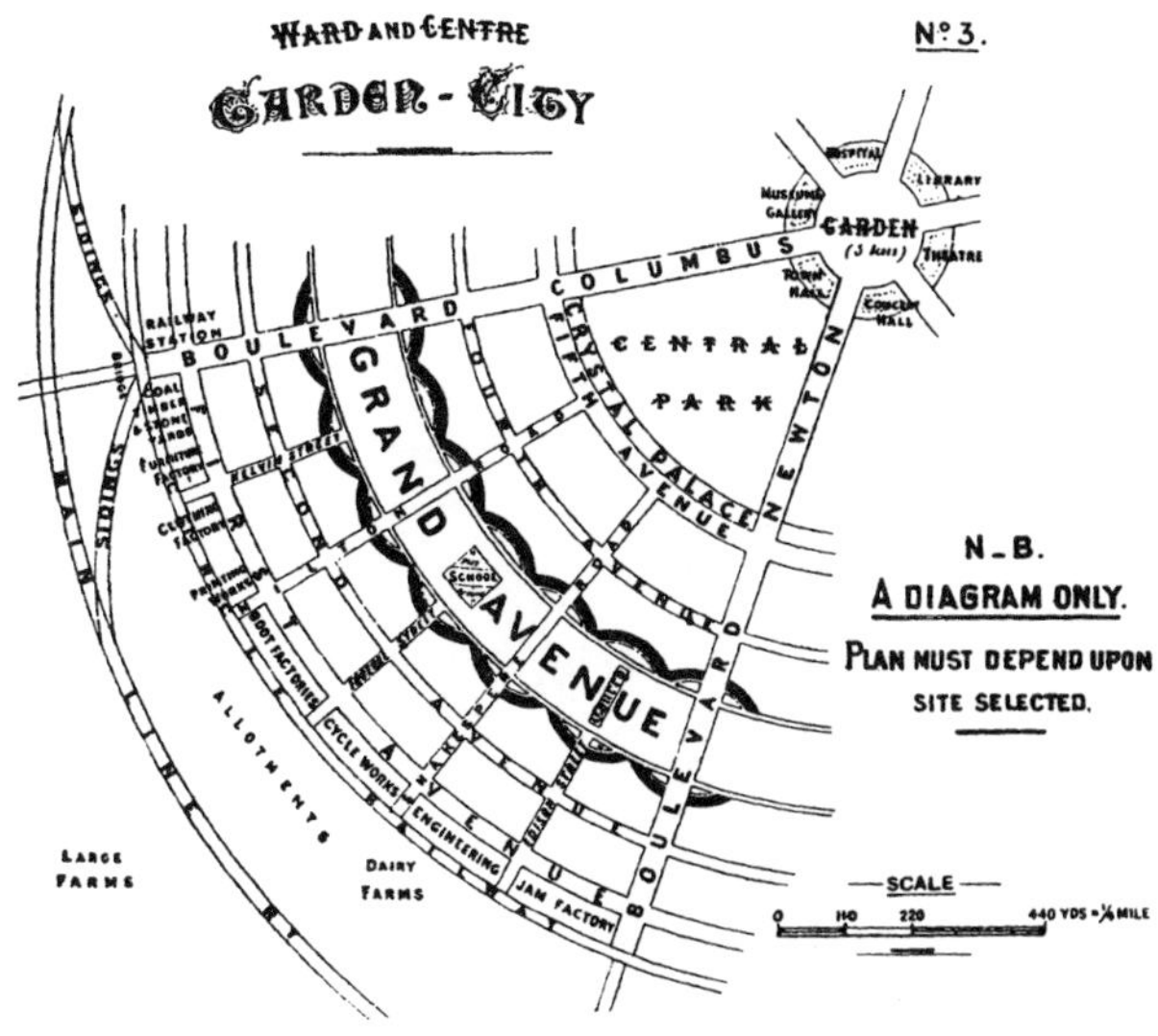

WARD AND CENTRE OF GARDEN CITY

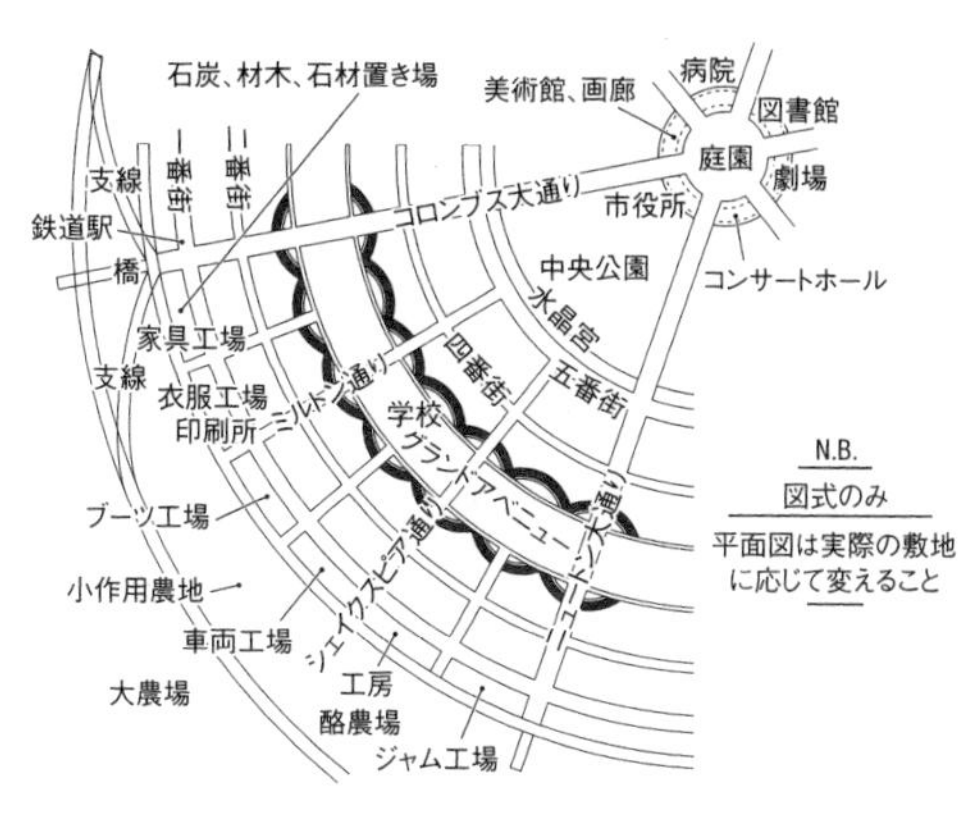

図表5　田園都市計画
（出所）図表4と同じ。(a)（b)、それぞれ p.81、図6と p.82、図7（一部変更）

歳入	
農用地からの税・地代（101ページ参照）	9,750ポンド
一筆６ポンドとして5,500筆からの税・地代	33,000ポンド
事業地からの税・地代、10,625人で２ポンド／人	21,250ポンド
合計	64,000ポンド

歳出	
地主地代、つまり土地代240,000ポンドの利息４％	9,600ポンド
元金返済用積立金（30年）	4,400ポンド
その他、地方税から支払われる各種の使途	50,000ポンド
合計	64,000ポンド

図表６　田園都市の歳入・歳出予定額
（出所）図表４と同じ。p.108とp.109

者の住居が整然と、Ｊ・ジェイコブズ（『アメリカ大都市の生と死』）にのちに激しく批判されるほど、あまりにも整然と区画された敷地に配列される。もちろん広大な緑地スペースも用意され、「町・田舎」のゆったりとした街路には、市役所、コンサートホール、劇場、図書館、病院などの公共施設が立ち並ぶ。

街路などを含めた公共施設の建築、つまり土地購入以外の公共事業も金持ちからの借金によって賄われるのだが、その元利返済と維持管理・運営費は入居企業や入居労働者が払う借地代などによって賄われる。従って、そのためには、企業は収益を上げ高賃金を支払わなければならない。

すでに書いたように、『明日の田園都市』の顕著な特徴は、「都市と田園の結婚」というロマンを謳い上げる点ではなく、おそらく金持ちジェントルマンの投資を引きつけるための、関西弁でいえば「せこい」までの経済

	初期投資 （ポンド）	維持費と運転資金 （ポンド）
(A) 街路25マイル（市街部） 1マイル4,000ポンド	100,000	2,500
(B) 追加街路6マイル（農地部） 1マイル1,200ポンド	7,200	350
(C) 環状鉄道と橋梁5 1/2マイル 単価3,000ポンド	16,500	1,500 （維持費のみ）
(D) 6,400児童または総人口の1/5が通う学校、1人あたり初期投資12ポンドで維持、管理等3ポンド	76,800	19,200
(E) 市役所	10,000	2,000
(F) 図書館	10,000	600
(G) 美術館	10,000	600
(H) 公園、単価50ポンドで25エーカー	12,500	1,250
(I) 下水処理	20,000	1,000
小計	263,000	29,000
(K) 263,000ポンドの利息4.5%	11,835	
(L) 債務30年返済用積立金	4,480	
(M) 敷地所在の自治体に支払う税金用の残金	4,685	
総計	50,000	

図表7　田園都市の公共支出予定額
（出所）図表4に同じ。p.132

計算の提示にある。

詳しい説明は省略するが、都市の歳入総額六万四〇〇〇ポンドから地主地代（土地代利息）と元金返済用積立金を引いた歳出可能な資金（図表6「その他、地方税から支払われる各種の使途」項目）の五万ポンドが、公共事業への初期投資のために行なわれた借金返済のための資金二万一〇〇〇ポンド（二万一八三五＋四四八〇＋四六八五ポンド＝図表7の（K）＋（L）＋（M））に

写真1　レッチワースの空中写真（1937年頃）
（注）手前に市の中心部と鉄道駅が見える。
（出所）『明日の田園都市』山形訳、p.166、図8

維持費と運転資金の総額二万九〇〇〇ポンドを加えた額にぴたりと一致させられていることなどを見ると、会計学上当然のこととはいえ、「せこさ」を実感する。

ハワードの構想は、すでに触れたように、はじめにロンドン郊外のレッチワース・ガーデンシティ（Letchworth Garden City、一九〇三年）、次に、これも同じくロンドン郊外のウエルウイン・ガーデンシティ（Welwyn Garden City、一九一九年）の建設として実現された。

もちろん現実は理想通りにはいかなかった。その最大の理由の一つは、『明日の田園都市』にあった社会主義的色彩が実現の過程でトーンダウンされ、さまざまな階層、特に労働者層を重要な一員としたコミュニティであるはずの「町・田舎」づくりに失敗したことである。「四人の金持ちジェントルマン」が社会主義的色彩を嫌うに違いないこと、「町」と「田舎」のおいしいところどりをした満足の行く町並みをつくろうとすれば、それなりの建築費や地代を覚悟しなければならない一方で、当時のすさまじいばかりの経済格差の状況下では、貧しい労働者が「町・田舎」の土地と住居を購入するのは望みえなかったことなどを考えれば、それは当然のことだったともいえるだろう（東秀紀『漱石の倫敦、ハワードのロンドン』第四章、大島葉月「近代イギリス田園都市運動の展開――ロンドンの田園都市と田園郊外」、ハワード『明日の田園都市』山形訳「訳者あとがき」など参照）。

しかしそれにしても、実現されたレッチワースの美しい写真を見る限り、「都市と田園の結婚」の成果は一応実現されており、それがその後の世界的田園都市ブームの先駆けとなったことはうなずける。あとで述べるように、東京の田園調布なども、ハワード構想の影響下でつくられたのである。

3 J・ジェイコブズの批判——「計画」か「多様性」か

†都市計画の拒否

ハワードの田園都市に対しては、現在も世界中に多くの支持者を持つJ・ジェイコブズの批判がある。ジェイコブズはニューヨークのグリニッジ・ヴィレッジに居住する一介の主婦だったのだが、彼女の批判は、「都市計画」という概念自体を拒否するなど、都市計画の歴史を一変させるほどラジカルなものだった。

ジェイコブズは、彼女を一躍有名にした『アメリカ大都市の死と生』で次のように述べている。

「ハワードが狙ったのは、自給自足の小さな町で、本当にすてきな町ではあります。あなたが従順で自分独自の計画がなくて、他の自主的計画を持たない人々と暮してもかまわないというのであれば。あらゆるユートピア同様、多少なりとも大きな計画を持つ権利は、計画者当局だけにあります」(山形訳、三四頁)。

「ハワードは都市を破壊する強力な着想を打ち出しました。まず、都市の機能を扱うには、全体からいくつかの単純な利用を整理してふるい出し、そのそれぞれを概ね自己完結させることだと考えました。立派な住宅の提供こそ中心的な問題だとしてそれに専念し、他のものはおまけだと考えました。……よい計画というのを、一連の静的な行動だと捉えています。そのそれぞれにおいて、計画は必要なものすべてを予測しなければならず、いったん建設されたら、その後は最低限のものをのぞいてあらゆる変化から保護されねばならないと考えました。また都市計画を本質的に、権威主義まがいの世話焼き父権主義的な行為だと理解していました」(同上訳書、三五頁)。

まるで、Ｆ・Ａ・ハイエクの社会主義批判、計画経済批判を聞くようだが、確かにハワードの「町・田舎」構想のあまりにも行き届いた都市計画を読んでいると、自由で自生的な発展を好むスコットランドあるいはイングランド流の「進化主義」ではなく、むしろ、優れた理性に恵まれたエリートによる合理的計画を好むフランス流の「設計主義」の気配を濃厚に感じる。「社会の自己防衛」が台頭しつつあった一九世紀末〜二〇世紀初頭には、イギリスでも、こうした思考様式が支配的だったのだろうか。

†出会い・ふれあいの場としての歩道

それはさておき、二番目の引用文中の「おまけだ」と考えられた「他のもの」とは何か。

その一つは大都市の「歩道」あるいは「街路」である。ハワードの「町・田舎」では、直線に延びた道路はほぼ通行のためだけにあるように見えるのに対して、ジェイコブズのそれは、住民の相互信頼に基づいて町の治安を保証するためのものでもある。

「都市の歩道の治安についての説明で、（私は——引用者）いざというとき……に、街路を見ている人目の裏には、街路全体の支援があるというほぼ無意識の前提が必須なのだという話をしました。この支援を当然のものとして期待する状態を、ひと言で表す言葉があります。信頼です。都市街路の信頼は、街頭でかわす数多くのささやかなふれあいにより時間をかけて形づくられています。ビールを一杯飲みに立ち寄ったり、雑貨店主から忠告をもらって新聞売店の男に忠告してやったり、パン屋で他の客と意見交換したり、夕食ができるのを待ちながら女の子たちに目を配ったり、子供たちを叱ったり、金物屋の世間話を聞いたり、薬剤師から一ドル借りたり、生まれたばかりの赤ん坊を褒めたり、コートの色褪せに同情したりすることから生まれるのです。……

大部分は、表面上は実にささやかなものですが、すべて合わせると全然ささやかではありません。このような地元レベルの何気ない市民交流の総和が——ほとんどは突発的で、何らかの雑用のついでで、すべて当の本人が加減を決めたもので、だれにも強いられません——公的アイデンティティの感覚であり、公的な尊重と信頼の網であり、やがて個人や近隣が必要とするときに、それがリソースとなるのです」（同上訳書、七三～七四頁）。

ジェイコブズにとっての歩道や街路は、「通路」ではなく、人びとの「出会い」「ふれあい」、アダム・スミスの言葉を借りれば、「同感の原理に基づく道徳感情」が形成される場所なのだ。「コミュニティセンター」なのだといってもよい。そうした「出会い」「ふれあい」「同感」があるからこそ、人々の間に「信頼」が生まれ、警察ではなく、人びとの「人目」が街の治安を可能とするのである。

†多様性にあふれた街

こうしたことが可能となるためには、街路は、都市計画者が設計しがちなように、大きな道路が南北にまっすぐ貫通し、その両脇に壮麗な建築物が林立し、昼間は人ごみでごった返すが、夜はゴーストタウンになるといったものであってはならず、ごちゃごちゃ曲がりくねった歩道や街路に、色々な人がいつもいる、生活しているといった多様性にあふれたものでなければならない。

ジェイコブズの整理に従えば、以下の四条件を満たすものでなければならない（同上訳書、一七三～一七四頁）。四条件を筆者の解釈も交えながら要約してみよう。

1　いつも誰かがいて何かをしていられるように、街区は二つ以上、できれば三つ以上の機能（商業、公共サービス、居住など）を果たすこと。

2　曲がり角が多くなるように、一つ一つの街区の長さが短いこと。

3　さまざまな家賃の家や建物、新しい建物と古い建物などが混在していて、多様な階層の人々が混住できること。

4　「ふれあい」と「人目」が豊富であるように、人口密度が高いこと。

ジェイコブズファンには申し訳ないが、また多くのジェイコブズ流の「まちづくり」を模範とする建築家たちには素人談義ではなはだ恐縮だが、こうした「ふれあいのまちづくり」は、江戸の町並みや長屋地区、さらには高度成長期日本の商店街を知る者には、さして新鮮なものではない。

たとえば——アメリカ流のスーパーマーケット台頭以前の——全盛期の商店街は、単なる「流通機構」でも「ショッピングセンター」でもなく、商店主も地元の人とともにそこに住み、買い物かごを下げての買い出しの時には、商店主との、他の客との世間話の花が咲き、また、縄跳びやこま回しや鬼ごっこなどに子どもたちが安全に打ち興ずることのできる「パブリックスペース」あるいは地域の「コミュニティセンター」だった（拙著『バブル以後のバブル時代』第二章第四節「大店法以後の商店街」)。

こうしたまちづくりは、確かに、大都市住民の「公的アイデンティティの感覚」を育むものであり、ハワード流の「設計都市」あるいは日本の高度成長期に大都市近郊に叢生した公団団地群からは生まれにくい。そうした意味で、筆者は、新鮮味は感じないが、ジェイコブズのハワード批判に同感する。

しかし、人びとの「信頼」や治安を可能とする「人目」が、単に町並みだけから生まれるかというと、この点についてははなはだ疑問である。ジェイコブズの議論の一つの欠陥は、街や建物などの外形は語っても、人びとの内面、特に「文化」を語らないことである。さらにいえば、彼女の期待する「信頼」や「文化」は、人びとの何らかの文化的同一性や文化的伝統を前提とするものではないかと筆者は考えるが、彼女がその点について無頓着に見えるという点である。

仮に、街区が、ジェイコブズの四条件をすべて満たしたものであったとしても、たとえば、ISやタリバンとはいわなくとも、ヒジャブを被ったアラビア語しか話さないイスラム教徒の女の子が両親と一緒に住んで、近くの学校に通学していたらどうだろうか。この場合でも、ヒジャブ着用を法律で禁じたパリ市民と違って、ニューヨーク市民は、それを許容する寛容さを示すことができるだろうか。もちろんイスラム教徒や異文化の人々とのつきあいやふれあいの長さや、その時の経済状況にもよるだろうが、彼らが十分に寛容であることができていたなら、「ホワイト・プアー」の憎悪の眼差しが移民に向けられ、トランプが大統領に選ばれることもなかったことだろう。

これはスミスの『道徳感情論』や、J・S・ミルの『自由論』を読んでも感じることだが、西洋の自由主義には、やはりどこかでキリスト教による文化的同質性を前提にしているところがある。ミルは「他者危害の原則（harm principle）」、すなわち、他者に「危害」を加えない限り、国家権力が個人の言動に干渉したりしないことを自由主義の最も重要な原則としたが、仔細に読むと、人びとがキリスト教文化を共有していることを前提としていることがわかる。人々の間に「危害」に関する明示的あるいは暗黙の合意がなければ、原則の実行が困難になるからだ。しかし、なにを「危害」と判断するかは、たとえば、ヒジャブを着用したり、ムハンマド（マホメット）の風刺画を雑誌に掲載するのを「危害」と判断するかは、文化によって微妙に、あるいは大きく異なり、場合によってはテロさえ呼び起こすことになりかねないのである。

筆者はマディソン・スクエアに行ったことがないので、間違っているかもしれないが、ジェイコブズの議論を聞いていると、「古き良き」日本の下町、たとえば寅さんが肩で風を切って歩いていた柴又を思い出すのは筆者だけだろうか。ジェイコブズのマディソン・

スクエアとは、「逝きしマディソン・スクエアの面影」ではなかったか。

†都会の偏愛と田舎の蔑視

さらにジェイコブズファンの神経に障りそうなことをいえば、筆者は、彼女の「都会偏愛」あるいは「田舎蔑視」に強い不満を覚えた。彼女は書いている。

「現実には、野蛮人（と農民）は——伝統に縛られ、社会階級にとらわれ、迷信にとらわれ、疑念に悩まされ、何であれ見慣れぬものを恐れ——最も自由のない人間です。『都市の空気は自由にする』と中世の言いまわしにあったように、都市の空気は逃亡した農奴を文字通り自由にしました。都市の空気はいまも企業城下町、植民地、工場農場、自営農場、作物収穫手伝いの出稼ぎ労働者ルート、鉱山集落、単一社会層郊外地からの逃亡者を自由にしています」（ジェイコブズ、前掲訳書、四七一頁）。

ジェイコブズは、野生の思考を形づくる群構造を解明したレヴィ＝ストロースの人類学や、軽佻浮薄ともいうべき都市文化を批判し、質実剛健を旨とした地方文化再建の必要を唱えた柳田国男を読んだことがあるだろうか。あるいは「自由からの逃走」がファシズムさえ引き起こしかねないことを憂慮したエーリッヒ・フロムを読んだことがあるのだろうか。

もちろんこれらの偉大な研究者も明確に認めているように、「田舎」「農村」「野蛮」には、よそものを受け入れない、迷信にとらわれることもあるなどの大きな欠陥がある。ハワードも、「田舎」の負の特性のなかに「不法侵入者」「公共心の欠如」などを挙げており、当然ながら、田舎の欠陥を十分に認めている。ジェイコブズがいうように、「自然を感傷的に捉えるのは危険」（前掲訳書、四七一頁）であり、ハワードも「田園」を語る時しばしばそうした口吻（こうふん）になることがあるが、その否定的側面を完全に忘れるほど愚かではない。

逆に、確かに「都市の空気は自由にする」が、ハワードが指摘しているように、その「町」の空気が汚染され、重労働にあえぎ、スラム街があるという都市の否定的側面も無視することはできない。都市が自由と産業発展とイノベーションをもたらすことを認めると同時に、都市化、都会化によって失われたものもあるのではないかと問い直す複合的視点がジェイコブズには欠けている。

4　日本への導入

†内務省『田園都市』

すでに述べたように、ハワード（およびセンネット）の田園都市構想は、早くも明治期の日本に導入された。幕末〜明治期日本の「面影」が、訪れた西洋人の見聞を経由して、欧米の田園都市構想に影響を与えたかもしれないという川勝の推測が正しければ、「再輸入」というべきだろうが、証拠がないので「導入」としておく。

一九〇七年（明治四〇年）に出版された『田園都市』の復刻版である内務省地方局有志『田園都市と日本人』に対して香山健一が書いた序文「田園都市国家への道」によれば、当時の内務省の陣容は、内務大臣平田東助子爵、内務次官一木喜徳郎博士、地方局長床次竹二郎、府県課長井上友一博士などであり、また、留岡幸助や生江孝之らが嘱託として調査企画の仕事をしていた（四頁）。

香山は、『田園都市』が井上と生江らよって執筆編纂されたものにほぼ間違いないという、戦前の内務官僚、飯沼一省の証言に触れている。特に生江は、できたばかりのレッチワースの現地調査を実行しており、それに関する文章も書いている（四〜五頁）。

それにしても、「これほど早い時期になぜ」という疑問は禁じ得ない。香山は、日露戦争の勝利後の彼らの脳裡をかすめていたのは「やがて日中戦争後、第二次大戦に連なっていくこととなった運命の『富国強兵』への道ではなく、『富国富民』、豊かな自然と文化に彩られた田園都市国家建設への平和的な道についての夢だったのではなかろうか」（七頁）

と、自らが執筆に参加した『田園都市国家の構想』に引き寄せた解釈を与えているが、これには疑問がある。「坂の上の雲」を目指してひたすら上へ上へと昇って行った当時の日本で、「富国強兵」ではなく、「富国富民の平和国家」だったというのはいささか無理のある解釈に思われるからである。

実際、「地方改良運動の政治理念」のなかで橋川文三は、内務官僚井上友一の「市町村は日本と申す大戦艦の船底なり」という『井上明府遺稿』の言葉を引きながら、彼らが主導した明治期の「地方改良運動」の目標は、「……心身ともに健全な住民が、財政的基盤を確立した自治体に結集し、しかも敬神愛国の念にもえながら勤労にいそしみ、以て国際的競争に勝ちぬくという体制を作り出そうとしたものであった」（二九四頁）とし、さらに「もしこの構想が完全に実現したならば、そこに出現するはずの日本国家は、宗教政治と産業と教育と軍事とを渾然と統一した、一種の兵営国家（ガリソン・ステート）となったであろうと想像する」（同上）と結論づけている。

橋川の議論が正しければ、『田園都市』あるいは日本版田園都市構想が目指したのは、ハワードのような市場経済の拡張と都市化の弊害に対する「社会の自己防衛」ではなく、田園の自然の恩恵によって「心身ともに健全」になった地方住民が、「天皇の赤子」として、日本という「大戦艦の船底」すなわち精強な兵士となること、つまり純然たる「富国強兵」だったことになる。

こうした観点から『田園都市と日本人』に目を通すと、確かに、「……いわゆる『田園都市』なるものも、もとは工場の生活に付随せる特種の積弊を済わんがため」と、ハワードらの構想の趣旨を理解しつつも、「……農村興新の問題というのも、帰するところは畢竟一国の内容を精整して、国家繁栄の基石を固うすべき実地の問題にほかならず」（一九頁）とか、「国民体力の増進と田園都市の建設」（三三頁）など、時代が時代だけに当然ともいえるが、国家主義的な言説が目につく。「都市と農村の結婚」というハワードのモチーフは正確に理解され、イギリスのレッチワースやポート・サンライト、さらにはドイツやフランスなどの同様の試みが実に丁寧に紹介されているが、その田園都市構想のモチーフを越えて、「国家繁栄の基石」とか「国民体力の増進」という国家目標が強調されるのである。

これを時代の反映とするのは、間違いではないが、不正確であろう。というのは、あとで詳しく述べるように、「都市と農村の結婚」の趣旨を理解しながら、内務省発の田園都市構想の「兵営国家主義的」スタンスに強く反発した、柳田国男のような「明治人」もいたからである。

『田園都市』のもう一つの特徴は、範を欧米に求めるだけでなく、最後の三章で日本古来の田園都市の伝統を紹介し継承を図ろうとしていることである（「第一三章　わが邦田園生活の精神（上）」「第一四章　わが邦田園生活の精神（中）」「第一五章　わが邦田園生活の精神（下）」）。たとえば、日本にすでにあった事実上の田園都市として平安時代の京都を挙げて、同書は次のように述べる。

「これを当年平安の旧帝都に見ずや、山紫水明もっとも天然の風光に富み、春は東山の桜狩り、人はさながら雲霞のうちを行くがごとく、秋は西山の紅葉二月の花よりも紅にして、路行く人の笻を停めしむ」（同上書、三四六頁）。

これも一つのナショナリズムの表白であろうが、渡辺の『逝きし日の面影』に見るように、前近代日本についての事実の一部を捉えてもいるのだろう。しかし伝統の継承は、「兵営国家主義的」方法以外の方法によっても可能なのである。

†高級住宅地と「阪神間モダニズム」

ハワードの構想は内務官僚に影響を与えただけではなかった。それに少し遅れて一九一八年に渋沢栄一らによって田園都市株式会社が設立され、東京の洗足、大岡山、多摩川台（現田園調布など）に用地が買収されて、日本型田園都市の建設が始まる。ただし、この点に関する真のパイオニアは、関西の阪急東宝グループ（現阪急阪神東宝グループ）の創業者、小林一三だというべきだろう。

小林ファンにはよく知られているように、小林は、早くも一九〇七年に現在の阪急電鉄の前身となる箕面（みのお）有馬電気軌道の経営に参加して、沿線の宅地開発に乗り出し、一九一〇年に分譲を開始した。さらに一九一四年に宝塚歌劇団をつくり、鉄道路線を神戸方面に拡張し、鉄道あるいは電車を中心とした住宅地やショッピングセンターや娯楽施設などのクラスターをつくるという、関東の東急や西武グループのモデルとなる画期的なビジネスモデルを確立した。

このモデルの延長戦上に阪神間の芦屋などの高級住宅地や「阪神間モダニズム」と呼ばれる、独特の「田園都市文化」が生まれるのだが、この点については後回しにして、小林が、無報酬で、上記の東京の田園都市株式会社の経営にも参加していたことを確認しておこう。この種の事業に不慣れな渋沢らが、先駆者小林の助力を要請したからである（小林の個人史や「阪神間モダニズム」の歴史的考察に関しては、鹿島茂『小林一三』、竹村民郎『阪神間モダニズム再考』など参照）。

阪神間の高級住宅地と「阪神間モダニズム」については、阪神電鉄と旧国鉄と阪急電鉄の線路に沿って造成された夙川、芦屋、御影、岡本、魚崎、住吉などの住宅地に、緑あふれる敷地に洋風あるいは和洋折衷の瀟洒（しょうしゃ）な豪邸が立ち並び、岩井勝次郎（岩井商店店主）、

写真2　芦屋の住宅地
（出所）芦屋市六麓荘町町内会ホームページ：
http://www.rokurokusoucho.com/city.html

村山龍平（朝日新聞社創業者）、村田省蔵（大阪商船社長）、伊藤忠兵衛（伊藤忠財閥総帥）、辰馬吉左衛門（辰馬本家酒造社長）、武藤山治（鐘紡社長）などの大ブルジョアだけでなく、谷崎潤一郎（作家）、小磯良平（画家）、小出楢重（画家）、山口誓子（俳人）、朝比奈隆（指揮者）などの文化人が多数住みついていたことは良く知られている（写真2。（）内は存命中の主な役職や職業など）。

阪神間の住宅地もハワードの田園都市構想の影響を受けたことは間違いないが、違いも大きい。その最大のものは、阪神間の場合は、「高級」という言葉から明らかなように、初めから、会社経営者や文化的エリートなど、少なくとも中産階級以上の階層が販売対象とされ、大阪の工場で働く労働者は考慮に入れられていなかったことである。小林を「日本のハワード」と呼ぶ人もいるが、ハワードの発想の原点がロンドンのスラムで苦しむ労働者の救済であるのに対して、小林にはそういう発想はない。都市、特に工場から煙がもくもく上がる大阪という「煙の都」の住環境と衛生環境からの解放あるいは救済という点では同じだが、小林の視線は中産階級以上に注がれている。

また文化人はともかく、ブルジョアの職場あるいはオフィスの多くは大阪の、たとえば船場や、大阪に本社を置いた和歌山など関西一円の工場あるいは作業場であり、住宅地から遠く離れていた。芦屋も元来は、船場などに店と家を持つブルジョアの別荘地だったのであり、それが戦後になって、大阪都心の居住環境がますます悪くなるにつれて本宅化したものである。といっても阪神間の住宅地から大阪までは、電車で三〇分ほどであり、現在の東京の標準からは「職住接近」という評価も可能だろう。

いずれにせよ、うしろに六甲山、眼下に瀬戸内海を見る阪神間は、まさに風光明媚な自然に恵まれており、「『風が違うのよ』とそのひとは編集者に語ったそうである。そのひととは須賀敦子。風がちがうところは彼女が育ったかつての阪神間・夙川（しゅくがわ）のあたりである」（「解説　阪神間の文化と須賀敦子」五二四頁）という中井久夫の須賀敦子に関する述懐がその事実を正確に物語っている。

中井によれば、阪神間の「風が違う」のは、高度経済成長期以前の日本は、人口の大半が農民であるという農業国であり、東京も含めた日本の全国に下肥のすえた匂いである醗酵臭が満ちていたのに対して、須賀敦子が育った阪神間の夙川あたりには農地がなく、その匂いがまったくなかったことによるという。「阪神間・夙川」はかつて筆者も、家族とともに住んだ懐かしい場所であり、その「風の違い」を詳しく深く語りたい欲望にかられるが、それを行なうのは他日を期したい。

こうした形での田園都市構想の実現をどう評価すべきは意見の分かれるところだろう。ハワードの意図に反して労働者を切り捨てた「ブルジョアユートピア」の実現にすぎないと批判することも可能だが、すでに述べたように、ハワードの理想自身が実際には実現されなかったことはさておき、「ブルジョア的」というだけで意義を否定するのは狭量すぎる態度だろう。世界遺産の多くが王侯貴族の文化から生まれ、谷崎の『細雪』もこの地で生まれたことなどを思えば、「阪神間モダニズム」が、ハイセンスな建築遺産も含めた優れた文化遺産を後世に残し、現在では、阪神淡路大震災の衝撃にもかかわらず、庶民に手の届く住宅地も豊富に提供しながら、依然として第一級の田園都市地区を形成している点は正当に評価されなければならない。

†何が問題とされてきたのか

こうして田園都市構想の系譜をたどってくると、同じく「都市と農村の結婚」といっても、国や時代状況などに応じてさまざまな力点の置き方や問題意識の違いがあることが明らかになってくる。

まず、原点としてのハワード構想においては、市場経済の急速な拡張によって生まれた、ロンドンなど大都市の、特に労働者の労働環境と生活環境、端的にいえばスラムの劣悪な環境を、農村の自然の力を借りて改善しようという強い意図が感じられる。それは広い意味での社会主義運動あるいは社会改良運動だったのである。ハワードの意図は完全には実現されなかったが、「町」の否定的側面を「田舎」の肯定的側面によって打ち消すこと、あるいは「町」と「田舎」の肯定的側面を「結婚」させることによって、労働者の良好な生活環境をつくりあげようという意図は——ジェイコブズなどは別として——、少なからぬ人々によって受け継がれたといってよい。

しかし、その構想を明治期の日本で受け継ごうとした内務省地方局の有志の場合には、なるほど都会における国民の生活環境の劣化を農村や地方の自然の力によって回復しようという点ではハワードと同じだったとはいうものの、その回復は「国民の体力の回復」、端的にいえば精強な兵士をつくること、もう少し穏やかにいえば、中央集権的明治国家をつくることを目的としたものだった。ハワードもより大きな構想を抱いていたのかもしれないが、『明日の田園都市』はとりあえずは「都市計画」にすぎず、そこに国家意識は希薄である。

渋沢栄一や小林一三の田園都市構想の場合も国家意識は希薄だが、その場合の力点は労働者の救済ではなく、ブルジョアやプチブルの生活環境を、郊外の自然の力を借りて守り改善する点に置かれた。さらに彼らにあってはハワードにある職住接近の理念が失われるか実現されず、職住分離が基調となり、自然と文化に恵まれた高級住宅地が生み出されることになったのである。

他方、ハワード構想を内務省地方局経由で継承した大平の田園都市国家構想の場合には、その名が示すように、初めから単なる「都市計画」ではなく、都市と農村、中央と地方、産業と家庭・コミュニティ・文化・自然の関係などを包括した総合的な国土計画あるいは国家計画となっている。

もちろんその場合の基調理念は、「都市に田園のゆとりを、田園に都市の活力を」という標語に見られるように、「都市と農村の結婚」というハワードの理念をある意味で継承している。また、市場経済や産業の拡張――大平構想の場合には戦後日本の高度経済成長――によって弱体化され破壊され失われたものの回復という点ではハワードと共通面が見られるが、視点が「国家」全体に向けられていること、および、「田園の自然の力を借りて都市を救済する」とは逆に、むしろ「都市の力、活力を借りて疲弊しつつある農村や地方を救済する」という点に力点が置かれていることに大きな違いがある。労働者の貧困や劣悪な生活環境がかなりの程度まで是正された高度成長期以降の日本の主要な問題は、大都市の過密などの問題もあるが、それ以上に「農業消滅」や「地方消滅」の危機的状況なのである。

さらに、香山の位置づけと違って、大平構想と内務省構想は、同じく「国家構想」とはいっても、前者が「中央→地方」つまり地方分権であるのに対して、後者が「地方→中央」つまり中央集権あるいは「富国強兵」にあるという点で、ベクトルの方向が逆である点も指摘しておかなければならない。

こうした意味では、筆者は、大平構想はむしろ「都市」と「農村」の問題を、国家的見地から、分権国家形成の見地から考察し苦闘した、民俗学者というよりは農政学者としての柳田国男の国家構想を参照すべきだったと考える。

実際、農政学と民俗学を問わず、柳田の一貫した問題意識は、日本農業と日本農村を救済し、明治維新後過度に中央集権化した日本国家の病弊をいかにして克服すべきかという点にあった。「オールド・リベラリスト」だった柳田も、ある種の国家主義者だったが、その場合の国家は、分権的で自由主義的な国家でなければならなかった。

しかも、これはほとんど知られていないことだが、柳田は、内務省の『田園都市』さらにはハワードの『明日の田園都市』を読み、それらに反発しつつ独自の「田園都市国家構想」を抱きつつあったと推測されるのである。章を改めて、この点を詳しく検討することにしよう。

第三章

柳田国男の田園都市国家

1 ハワードと内務省の田園都市構想への賛同と反発

†ハワードらの構想との複雑な関係

柳田と田園都市構想の関係に言及したのは、筆者の知る限り、小田光雄の秀作『郊外の果てへの旅／混在社会論』が初めてである。小田は、農商務省の官僚時代の柳田を念頭に置いて次のように書いている。

「そのような柳田の農政学に対する傾倒、及び内務省と農商務省といった省の違いはあったにしても、同じ官僚というポジションから考え、柳田が『田園都市』を読んでいなかったとは思われない。それどころか献本されていた可能性が高い。だが『時代ト農政』などでもふれておらず、『定本柳田国男集』にも見出せないし、それはハワードの『明日の田園都市』についても同様である。

柳田が田園都市に言及するのは『田園都市』が出版された二十余年後であり、それは一九二九年に朝日新聞社から出された『都市と農村』（『同全集』29――『柳田国男全集29』ちくま文庫、引用者注――）においてだった。これは私見によれば、三一年に同じく朝日新聞社刊行の『明治大正史世相篇』（講談社学術文庫）と対で読まれるべきだと思われる」（二三六頁）。

小田はこの文章に続いて、柳田国男研究会編著『柳田国男伝』の示唆を受けながら、中央集権的で画一的な内務省の地方改良運動や田園都市構想と立場がまったく異なっていることから、柳田は『田園都市』などを読みながら長期間にわたって意識的に黙殺し続けたが、その態度が『明治大正史世相編』の執筆段階で変化し、明示こそしなかったが、事実上田園都市構想を受容するようになったのではないか、などの推論を展開している（小田前掲書、「72　田園都市への批判と黙殺」「73　田園都市の需要」）。

これは興味ある推論であり誤りとも思われないが、筆者は、柳田とハワードや内務省の田園都市構想の関係はもう少し複雑ではないかと考える。

まず、柳田が初めて「田園都市」という言葉を明示して議論したのは『都市と農村』（四〇〇頁など）だったという点には同意するが、ハワードや内務省地方局有志の構想を意識した議論をそれ以前にしていなかったかといえば、話は別になる。

†「中農養成策」と『時代ト農政』——賛同

たとえば、ハワードの『明日の田園都市』出版二年後の一九〇四年に発表された論文

「中農養成策」のなかには次のような文章がある。

「……小面積の土地を所有するものは必ずしもこれを売却するを要せず。職業としての農はなさずとも、新鮮なる副産物を栽培して自家の消費に充て、あたかも英国等において新たに施設せんとする家附耕地（ホオムステッドランド）の利益を自然に収むることを得べし」（五八三頁）。

これは、日本農業の生産性を上げるために、経営規模を当時の標準の二倍ほどに拡大した「中農」を養成すると同時に、それによって過剰となった農業人口を大都市圏に流出させるのでなく、農村に留まらせるための雇用機会を創出すべく期待された「幸福なる小工業」（五八二頁）、すなわち地方工業の発展を奨励するという、柳田の農業＝地方振興策を語る文脈のなかに置かれた文章である。

柳田の農業改革案によれば、離農して地方工業に雇用された（旧）農民は、これまでの猫の額のような農地を必ずしも売却する必要はなく、サラリーマン生活を潤す自家庭園としても活用できることになるはずなのだが、それにしても、「英国等において新たに施設せんとする家附耕地（ホウムステッドランド）」とは、ほとんどハワードの田園都市のなかの労働者の住居の風景である。

その六年後の一九一〇年に刊行された『時代ト農政』においては、さらに濃厚に柳田国男の田園都市国家構想の一端が顔を覗かせている。

「さてしからば国民の永遠の利益のために政治をする国または公共団体の立場から考えて、人口の適当なる配布のために採るべき政策はいかんと申しますと、自分とても格別速効の妙案がある訳ではないが、まず最も手近なる一策としては最初に申しましたいわゆる反動の趨勢を利用するのであります。たとえば都会の住人が何となく田舎をゆかしがるのは至極妙である、ゆえに力めて田園の趣味を鼓吹するのであります。近来欧米の諸国でもこれについて大変研究しているらしく見えます。かの『鄙の中に都を、都の中に鄙を』と申す流行の語は、つまり田舎の生活を改良し、従来都会にのみ備わっておった健全にしてかつ高尚なる快楽をなるべく田舎にも与うるように力め、さらに都会の方の人たちには田舎生活の清くして活々とした趣味を覚らせるようにすることであります。学校に行く子供のためには狭くとも周囲の地面に花園を作って与え、また二階三階のごちゃごちゃした所に住む者のためには窓園芸、物干場園芸等、植木鉢栽培の知識を開くの便宜を与え、力めて天然に接触するの機会を多からしめ精神を怡ばしめるのであります。わが国においても都会の人間に田園生活の趣味を解せしめる機関をだんだん発達させて行くことは最も必要であります」(六四〜六五頁)。

　ここから柳田はさらに進んで、都会人の「帰去来の感」、すなわち、何となく「田舎をゆかしがる」メンタリティを利用して、都会から田舎への人口動態の「反動」、いまはやりの言葉でいえば「田園回帰」を促進して、経済と人口の過度の中央集中を是正し、日本を自立的な地方経済圏の連合体としての分権的国家として再構成する具体策を論じていくのだが、その紹介は後回しにして、とりあえずは、上の文章、特に「鄙の中に都を、都の中に鄙を」というフレーズが、その基本的趣旨において、ほとんどハワードの「都市と農村の結婚」と同じことをいっていることを指摘しておこう。というより右の文章は、ハワードの田園都市構想へのほとんど手放しの賛同を示してはいないか。

筆者は、決定的な証拠はないが、小田同様、農林官僚時の柳田が、『田園都市』はもちろん、『明日の田園都市』さらにはその前身の『明日――本当の改革に向けた平和的な道』を読んだにちがいないと考える。そしてさらに、この点は小田と違って、この時期の柳田が、『田園都市』はともかく、『明日の田園都市』などのハワードの著作と思想にはかなり深く共鳴していたのではないかと考える。

†『都市と農村』――反発

しかし田園都市に対する柳田の姿勢は、『時代ト農政』からさらに一九年後の一九二九年に出版された『都市と農村』において少なからず変化する。小田が指摘したように、

「田園都市」という言葉が現れるのは同書が初めてなのだが、その田園都市について柳田は次のように書いている。

「いわゆる田園都市の運動は、この意味において確かに新しい興味があった。近世の都市には街の並木、その他公園・公庭の緑の供給はすでに豊かであったが、なお各家に細小の面積を私営して、そこになんらかの生物を産してみなければ、慰められないという者が多くあった。ところが高楼を建て城壁の中に籠り住む者に、そのような余地が与えられようはずはない。そこで優しい理想を有った人たちが発起して、新たに空閑の野について、広々とした小都市を建設してみようとしたのである。個々の住民がおのおの平家を給せられ、その周囲に少しずつの庭園を持つことができれば、もちろんその理想は遂げられたのであるが、それは資本の問題でありまた職業の問題であって、旧国においてはそのような機会ははなはだ得にくかった。土地が十分に廉価でなければ、住宅の経費が支えられず、そういう地方に突如として出現する一都市を、維持するだけの事業は見つからない。結局は慈善の寄付金、もしくは多分の公費を割いて、わずかに希望者の片端を満足させるのみで、その他は依然として野外の散歩くらいをもって、我慢をするの他はないのであった」(四〇〇頁)。

この文章は、とりあえずは、日本という「旧国」における田園都市運動の困難を指摘したものとしてよいが、日本の特殊事情に基づく困難と考える必要もないと筆者は思う。それというのも、すでに述べたように、ハワードの構想も「資本の問題（カネがあるか、ないか）」や「職業の問題（経営者か、労働者か、農民か）」などによって所期の目的を達成できなかったからだ。柳田がその事実を知っていたかどうかはわからないが、文章は、多くの希望者を満足させるような田園都市建設一般の困難を指摘したものという解釈も可能だろう。困難は、外来思想を無批判に輸入しようとした日本の田園都市運動にとってはさらに大きなものになる。柳田は、いつものように内務省の名を挙げることを慎重に避けながら、次のように書いている。

「こういう計画が西洋に始まったのは、今から三四十年も前の事らしいが、日本はちょうどその頃から、都市のあるものが大きくなって、農産物の直接供給はおいおい断念せられるに至った」（四〇一頁）。

すなわち、以前は、城下町の周囲に田畠があって、準市民ともいうべき農民がこれを耕し、毎日、自分で直接農産物を市内に運び込んだり、士族屋敷などで下男が屋敷内に畠をつくって耕すなど、都市と農業は一体化していたが、いつのまにかそれが完全に断絶して、都市の消費と田舎の農業が商人あるいは市場経済を介して間接的に連結するというシステムができ上がった。

しかし田舎を懐かしみ、そこに還りたいという「帰去来の感」あるいは「帰去来情緒」は健全だから、都会人の住居や別荘を田舎につくるなどして、都市を田舎に張り出すという、いわゆる「郊外」が発展することになる。しかし、この「郊外の発展」は、田園都市に似ているように見えて、その本質はまったく異なるものである。すなわち「あるいはこれをしも一種の田園都市と見る者はあろうが、もとより統一ある運動の成果ではなかったゆえに、都市の生活法と市場組織とが、どこまで出てみてもその拘束を緩めない。村を都市化もせず、いわんや市に農村味を附加するの力はなく、油と水とともに湛えて、ただ土地所有者の私経済を法外に煩雑ならしめたに過ぎなかった観がある」（四〇二頁）。

柳田は、「文化腰巻」や「文化住宅」など、当時日本の都市にはやり始めていた俗悪な風俗に触れながら次のようにも書いている。

「これはあるいは極端の例であるにしても、全体において十分なる異国意匠の踏襲にもあらず、また長期の実験に基づいた綜合でもなくして、単なる少数者の思い付きを、流行として早く世に布かんとするもの、別の語で言うならば農村の旧習に縛られがちな人々が、容易に手を出そうとせぬものばかりを、一括して固有の生活技術と対立させようとするならば、これを文化ということの当否は知らず、少なくともこの数千年来の単一民族の間においても、現在は確かに二箇以上のいまだ調和せざる生活様式は併存している」（四〇三頁)。

これは、単に、内務省の軽薄な田園都市運動が、都市文化と地方文化あるいは農村文化を何の統一性もなく「併存」させた俗悪な「郊外」をつくりだすだけに終わっていることを批判したものではない。すでに述べたように、「兵営国家」の建設を目指す内務省の田園都市構想と、分権国家を目指す柳田のそれとの間には基本的な視点の相違と対立があり、そうした相違と対立が批判の勢いを強めているのだろう。

断っておくが、すでに述べたように、柳田は、自らが目指す分権国家を「田園都市国家」という言葉はもちろん、どのような言葉によっても特定化していない。川田稔は、詳細な柳田研究に基づいて、柳田が目指した国家のイメージを「国民国家構想」と名づけたが(『柳田国男の思想史的研究』)、これも川田の発案によるものであり、柳田自身とは直接の関係はない。

しかし、「中農養成策」『時代ト農政』『都市と農村』などにおける柳田の議論を検討する限り、内務省の構想に反発しつつも、彼もまたある種の田園都市国家構想を抱いていたと見なしても誤りはないと思われる。あるいは、自分独自の構想を抱いていたからこそ、激しく反発したとも考えられるのである。

では、柳田の田園都市国家構想とは何か。その点を見るには、『都市と農村』をはじめとする柳田の議論を丁寧に振り返ってみなければならない。

2 『都市と農村』の理想と現実(I)

†農村文化の称賛

柳田は『都市と農村』を、諸外国と違って、日本では、「都市と農村の対立」という問題は本来存在しなかったと述べることから始めている。すなわち欧米や中国などの諸外国においては、堅牢な城壁によって、都市部と農村部が截然(せつぜん)と区画され、内部の市民と外部の村民との交渉がまれであり、メンタリティや文化も全然別であるのに対して、日本においては、そうした城壁も区画も文化の差異もなかった。

日本における都市と農村は、さまざまな意味で調和していただけではない。各領内の農民は、より積極的・自発的に城下町の建設に貢献し、それを誇りに思った。

「……周囲の村々に住む農民が、御城下の町の真の支持者になっていたのである。……個々の領内の住民は、かつて彼等の先祖が皇都の建設に奉仕したと同じく、まず手近にある新都市の完成に協力し、己を空しくしてその繁華を希(こいねご)うたのである。これをある他の権力の強制に基き、いわゆる汗と油の誅求になるかのごとく考えることは、少なくとも日本の都市の歴史ではない」（三四三〜三四四頁）。

　農民が都市建設に貢献しただけではなく、武士や町人などの「都市住民」も、ルーツをたどれば農民であったものが大半だった。武士が、町人の金銭欲や華美を蔑み、自ら守るべきものとした質素、倹約などの徳も、元を糺せば農村起源の徳だった。

「……すなわち武士の特色とした質素、無慾、率直、剛強の諸点は、本来は身分や権力とは関係なく、村から持って出た親譲りの美徳であって、同じく刀を指す人に威張られていた者の中でも、地区を隣接して住んでいた町人よりは、よほど百姓の方が生活の趣味において、彼等に近いところが多かったのである。

　しかもその町人がたいていはまた村から転業して来た人であった。……士農工商の名目はいつから始まったか知らぬが、猶太人のように先祖代々、商いの道しか知らぬという家筋は、わが邦にはほとんとなかったので、従うてそれから以後も商人の卵を養成するのに、いつでも年季奉公人を村民の中に求め、またその中から次々に立派な新店が崛起した。……要するに都市には外形上の障壁がなかったごとく、人の心も久しく下に行き通って、町作りはすなわち昔から、農村の事業の一つであった」（三四八〜三四九頁）。

　都市建設に対する農村の貢献、都市住民の農民由来を強調する柳田の議論が、農村の自然というより、農村文化の称賛に基づいていることに注意しよう。

「ことにわが国の農村労力には、誇るべき幾つかの特色があった。村の静思に養われた堅実なる社会法の承認、天然の豊富によって刺戟せられたる生産興味、それとは独立した精緻なる感覚と敏活なる同化性のごときは、いずれも他の文明諸国のいわゆる不熟練労働者の間には、とうてい見出すことのできぬものである。ひとり都会がその輸入を塞がれたら、今でもたちまち老衰に陥るというのみでなく、農村自身もまたその年久しき相互の融通によって、始めて現在の繁栄まで、到達することができたのである」（四三七〜四三八頁）。

すなわち、柳田は、農村の共同体と自然のなかで行なわれる農作業によって培われる規範の尊重や他人への気遣いや勤勉さなどの美徳が、都市と農村の活性化と繁栄にとっての最大の原動力だったというのである。

†都市文化の嫌悪

しかし、その農村の美徳が、明治以来の無思慮な近代化・都市化によって急速に失われてゆき、醜悪で退廃的な都市文化が現れる。柳田は、昭和初期の都市文化を、信じられないほど強い口調で批判する。

「放縦なる都市の消費風俗は非難せられてよい。ことに対岸の桑港と上海とを真似て、畳に靴下の折衷生活を常軌化したのが感心せぬ。それよりも各自の自由を名として、その実は悪趣味を田舎へ売り込む商人の手引をしたのが遺憾であった。しかしそれよりもさらによくないと思うことは、この一種焦燥とも名づくべき気分が、全都市の隅々まで漲っていることで、それが一転すると公道徳の頽廃となり、市政の解体ともなる歎きがある」（五三〇頁）。

　これは筆者が以前の拙著（『柳田国男の政治経済学』）でも引用した文章であり、要するに、アメリカや中国の真似をして俗悪になった日本の都市の折衷文化を非難したものだが、それにしても、柳田がなぜこれほどまで都市文化を非難というより、感情的に「嫌う」のか、筆者には理解しえないところがあった。

　その点の考察は後回しにして、ここではとりあえず、柳田にとっての「都市対農村問題」が、ハワードや内務省や大平内閣の田園都市構想と、一見似ているようで、かなり違う面を持っていることを確認しておこう。

　柳田に最も特徴的なのは、伝統的な農村文化に対する厚い尊敬の念と、都市文化への強烈な嫌悪感、およびその都市文化による地方文化の中央集権的支配あるいは地方文化の解体に対する懸念である。

　なるほど、大平の田園都市国家構想においても、「地方や地方文化の振興」が柱の一つにはなっている。が、その場合の「振興」は、いずれかというと、コンサートホールや劇場などを、それらのためのソフトウェアも含めて、地方にもつくり出し、地方に居ても高い都市文化の恩恵に与れるようにすることを旨としたものだった。マスメディアや「複製文化」に毒された都市文化への懐疑は見られるが、少なくとも柳田のような「都会嫌い」や「地方好み」は見られない。

ハワードには、当時のロンドンに見られるような都市文化に対する嫌悪感が見られるが、それは、主に、都市のスラム街における労働者の窮状に限定されたものだった。その窮状を救うために動員される「田園」「農村」「田舎」の利点も、自然の美、新鮮な空気、豊富な水、輝く太陽などの「自然の恵み」であり、柳田のような農村や農民の道徳的利点は無視されている。すでに見たように、柳田が農村などの「自然の恵み」を無視しているわけではないが、彼が農村を擁護する場合の力点は、勤労意欲も含めた道徳的利点に置かれているのである。

そうした意味で、柳田の対極に位置するのは、農民や田舎人を、自由を抑圧する「野蛮人」と言い捨てたジェイコブズだろう。逆にいえば、柳田のように、ひたすら農村文化を賛美し、都市文化を嫌悪するというのも行き過ぎのような気もする。

「立派な兵士」になることを国民に期待した内務省の構想は、ある意味で柳田の道徳的利点の強調に似ているが、柳田もある種の国家主義者であることを否定できないまでも、「集権」と「分権」では発想の基本がまるで異なっている。

3 「地方文化建設の序説」への寄り道

†都会人の「噴火口上の舞踏」

柳田がなぜあれほど感情的なまでに都市文化を「嫌う」のか、という問題に入ろう。この点を考察するには、『都市と農村』より四年前（一九二五年）に『地方』という雑誌に書かれたエッセイ「地方文化建設の序説」を参照した方がよい。この短いエッセイには、川田（『柳田国男』第二章）も注目するように、外国文化の輸入によって一方的に発展する都市経済と農村の無残な疲弊によって特徴づけられる明治以来の日本近代化に対する柳田の危機意識が示されているといってよいが、それに留まらず、都市文化と産業発展に関するより普遍的な見解を読みとることも可能であると筆者は考える。

「序説」は、当時の経済界が、「国際経済時代」「世界経済時代」、今の言葉でいえばグローバル・エコノミーの時代に入りつつあり、そのなかで勝利する国家と敗北する国家が必ず出てくるだろうという状況認識から出発してさまざまな考察を行なうのだが、柳田にとっての結論は明白だったらしく、冒頭から以下のような断定調の文章が現れる。

「然らば、如何なる国家が、その不運を担うのであろうか。この答えは明白である——外国の商売政策に乗ぜられた国家、すなわち消費を知って生産を忘れた国家である」（四六五頁）。

「外国の商売政策に乗ぜられ」「消費を知って生産を忘れた国家」として柳田が念頭に置いているのは、いうまでもなく大正から昭和にかけての日本だが、それは、当時の東京をはじめとした日本の都会が、「外国の商売政策」に乗せられて、国柄を弁えず、欧米文化の流行を次々と輸入しては生産し、それをさらに特殊事情を無視して地方に売りつけた挙句、生産活動の原点である農村の経済と文化を破壊しているからである。

たとえば、東京市民の生活を基礎とした女児の洋服が奨励され、非常な勢いで全国各地を席巻したが、そうした洋装が一般農村の女児にも適したものだったか配慮されることはなかった。しかも、こうした東京市の流行の大半は、東京出自のものでなく、欧米文化の無批判な輸入によるものだった。

「見よ！　東京人の外国文化輸入の忙がしさよ。あらゆる贅沢品、美術工業品は言うに及ばず、日常生活の実用品、食糧品に至るまで、昨日の流行品は、もう今日の古物である。

か丶る状態は物品のみではない。思想も趣味も主張も新しきを求めて、とゞまることがないのである。而も、この流行変転の傾向が日を追うて急速に回転しつゝあるのである」(四六九頁)。

柳田によれば、こうして東京人が外国文化の輸入に忙殺される理由は、とにかく売り上げを伸ばそうという内外の商売人の政策もあるが、それよりさらに根本的には、次々と目新しいものを輸入し地方に普及させなければ自らの文化的優越性が失われるという東京人の焦燥感、あるいは「都会の優秀なる地位を保とうとする無意識の衝動」(同上)があるからだ。

これに続いて柳田は、「実に都会人の活躍は噴火口上の舞踏とも言うべきであろう」(同上)と、実に面白い表現を用いて、都会人の生態を風刺している。

黙って静止し、流行を輸入し追うことをやめれば、たちどころにモノが売れなくなるだけでなく、彼らの地方人に対する文化的優越性が失われ惨めな境涯に陥ってしまう。その不安や恐怖は、「尻に火がつく」というか、熱風が吹き挙げる噴火口に位置する人間の不安や恐怖にもなぞらえることができる。都会人はそうした不安と恐怖をエネルギーとして、流行の輸入と追跡という「舞踏」を繰り返す。

この場合の「噴火口上の舞踏」を、大正から昭和にかけての東京や日本に限定する必要はない。それは、東京とサンフランシスコと上海とを問わず、猛烈な競争のなかで、絶えず新機軸、イノベーションを行なわなければ敗北することを宿命づけられた、現代の大衆資本主義社会に生きる人間たちの振舞いの普遍的本質を示す言葉と解釈することも可能である。筆者自身の言葉に翻訳すれば、それは「市場社会のブラックホール」の上で、あるいはそれを心底に置いて、猛烈なスピードで活動せざるをえない現代人の生き様を端的に示す言葉と解釈することも可能なのである（拙著『市場社会のブラックホール』）。

柳田は、流行を追い求め輸入し、それに翻弄される都会人の活動を「消費」という言葉で一括して形容する。彼にとっての「生産」とは、農村文化に基礎を置いた堅実な活動のみをほとんど意味する。外国文化の輸入と地方への普及に明け暮れる東京人をはじめとする都会人に席巻された日本とは、「消費を知って生産を忘れた国家」に他ならない。

こうした極論とも思える柳田の念頭には、グローバル・エコノミーへの参入によってますます発展しながら、経済の一極集中と裏腹に全国各地の農村を疲弊させつつあった当時の日本の姿があった。

「農村の破滅！　それは実に恐ろしき近代的の予言である。しかして、その理由は、前に説いたように、地主の横暴のみでなく、それ等地主階級を包含して破滅の淵へ運ぶものは都会文化の普及そのものである」（四七〇頁）。

農村の破滅の第一の犠牲者は小作人や小農などの貧農だが、それに劣らず柳田が懸念するのは、地主階級に属する地方の旧家の中産階級の破滅である。その理由を説明して柳田は次のように書いている。

「かかる中産階級は古来地方文化の保護者とも言うべきで、地方の秩序を保持すべき、儀礼、諸道徳、権威、郷土精神の家元ともいうべき階級であった。かかる家柄の廃滅――これこそ地方文化再建にとって一大障碍(しょうがい)というべきではないか」(同上)。

この文章には明示されていないが、地方の旧家の中産階級が保護すべき地方文化の中核を祖霊信仰あるいは「家の宗教」と柳田が考えていたことは明らかである(次節の『時代ト農政』からの引用文参照)。その地方文化が明治以来の性急で無思慮な経済発展と国際化によって破壊され、都会の消費文化が支配的地位を占め専横を極めることにとって、日本は「消費を知って生産を忘れた国」となり、滅亡しつつある。

†メタファーとしての「消費」と「生産」

ではどうしたらよいのか。柳田の現状批判は強烈だが、常識人でもあった彼の「日本救済策」は、「我等は再び、否永遠に、鎖国的方法によって地方の盛大を期することは出来ないのだ」(四七二頁)ということをはっきり認めた上で、都会人には、輸入する外国文化を取捨選択して、日本の国情や生活様式に合致したものを地方の事情に配慮し摂取し、地方人には、徒(いたずら)に都会文化の幻想を追うのをやめ、伝統的な郷土精神に目覚め、地方文化の建設に努力することを望むという、穏当なものだった。

いずれにしても、「地方文化建設の序説」を読むと、『都市と農村』の慎重で長い記述の背後にある柳田の意図が、暴力的なまでにはっきりしてくる。「暴力的」というのは、「序説」の論述が、柳田には珍しく、さまざまな問題をあまりに単純化しているように思えるからだ。

その最たるものは、「消費の点のみが徒らに国際化しつつあるのに対して、生産は今猶(いまなお)、日本風であり地方的であるの一事である」(四六五頁)などの文章からも窺われるように、「都市」＝「国際化」＝「消費」、「農村」＝「地方的(国内的)」＝「生産」という単純すぎる図式によって議論を進めている点だ。もちろん柳田は、「都市」も女児の洋服などの「生産」を行なうことを認めており、「農村」で生産された茶や生糸などが明治以来貴重な外貨獲得源となってきたという意味で、「農村」も部分的に「国際化」されていることを知らないはずはないのだが、話の進め方がいつもの彼に似つかわしくなく粗雑なのである。

この場合の柳田の念頭にある「生産」とは、主に米作、すなわち米の生産らしく、当時の日本経済の状況を思えば、それもまったくの誤りとはいえないのだが、それでは議論の射程はきわめて限られたものとなってしまう。また「消費」＝「生産ではないもの」には、米以外の、たとえば鉄鋼やトラックの生産も含まれることになり、概念上の混乱を招くことにもなる。いずれにしても、「序説」をよく読むと少なからぬ違和感を感じることになるのである。

しかし、それは、柳田の「消費」と「生産」を文字通りに受けとることから生ずるものであり、「消費」と「生産」を一国の文化や文明の特質を表現するメタファー、隠喩と考えれば違和感は消失する。

すなわち柳田の「消費」とは、外国文化の輸入に超多忙な大都会、たとえば東京を覆う享楽的で刹那的な文化を特徴づける言葉、「生産」とは、地方の農村に典型的に表れる（と柳田が考えていた）禁欲的で勤勉な文化を特徴づける言葉と理解するのである。

あるいは次のように考えてもよい。都市でも自動車などの近代工業の「生産」はもちろん行なわれるが、それは販売あるいは「消費」を強く意識したものであり、あるモデルの自動車はすぐに飽きられ売れなくなり、過剰なほどのモデルチェンジやニューモデルの生産が行なわれる。

この点は工業製品の「生産」に限らず、思想や科学技術についても、というより分野によっては、こうした「知識産業」においてこそ、外国文化の輸入を含めた「はやりすたり」が著しく、折角のイノベーションによって生まれた新思想や新理論や新技術はあっという間に陳腐化・「消費」され、次のイノベーションに取って代わられる。思想や科学技術の「生産」も「消費」を前提し予定しているのだ。だからこそ、先端科学技術研究における「データ捏造」や「盗作」が頻繁に起こる。皆「焦って」いるのだ。

このように理解すれば、柳田の議論に類した議論を、より一般的な文脈のなかで、内外の論客に見出すのはむずかしいことではない。

たとえば、アメリカの社会学者ダニエル・ベルは『資本主義の文化的矛盾』で、現代アメリカ大衆社会においては、資本主義の猛烈な競争を旨とするマーケティングシステムによって快楽主義が拡大増強し、その原点であり推進力だったマックス・ヴェーバーのいう禁欲的プロテスタンティズムを切り崩し、やがて自ら崩壊していく危険があると警告した。

また我が国の村上泰亮は、それより早く、『産業社会の病理』で、産業社会すなわち生産の原動力だった「手段的能動主義」が、その発展のうちに、豊かな社会の鬼子ともいうべき「コンサマトリーな価値観」、貯蓄より消費を、将来より現在を重んじるという価値観を拡大増強させ、自らの基盤を切り崩してゆく可能性を指摘した。

柳田の議論は彼らの議論を先取りしているともいえる。そして、情報量の大きさや情報伝播の速さなどによって、快楽主義的な消費文化をリードするのは、何時（いつ）の時代のどの国においても、「農村」ではなく、「都市」であることもいうまでもないことである。ビジネスマンもゲームメーカーも哲学者も科学者も技術者も、それからＡＩも「噴火口上の舞踏」を行なっているのだ。

4 『都市と農村』の理想と現実(Ⅱ)

農民の自尊心の喪失

『都市と農村』に戻ろう。「地方文化建設の序説」をはさんで『都市と農村』を読み進むと、意外に常識的なことが書かれていることがわかってくる。

すなわち、日本においては元来「都市と農村の対立」などという問題はなく、文化的出自や出身階級の点からいっても、農村が都市をつくり、農民もそれを誇りとしてきたのだが、明治以来の近代化あるいは文明開化は、経済的にも文化的にも都市の力を肥大化させ、農村文化を支配し破壊した。村上の言葉を使えば、伝統的に農村や地方のなかで培われてきた「手段的能動主義」が、多分に「西洋かぶれ」で文化的脈絡を欠いた「コンサマトリーな価値観」によって圧倒され、都市経済と農村経済、都市文化と農村経済の間の齟齬・

矛盾・対立が生まれることになった。

　都市と農村の対立の最もわかりやすい現象は、水呑百姓や小農・小作農の増加などの示される農村経済の貧しさと、それと対極的な、都市で贅沢三昧をする不在地主であるが、『都市と農村』で強調されるのは、「都市文化の中央集権」の裏面としての、農民自身の自尊心の喪失である。

「貧乏だから憫まれるという理由はないということだけは誰でも認めているのだが、実際に当ってこれを力説する者がなかったために、ひとり小農が常に憫まるるのみならず、やや資力ある者さえ彼等とともに、連合して国の同情に活きんと心掛けるのである。こんな情ないことはないと思う。

　百の講習よりも、今ではこの自尊心の啓発が大切な急務になっている」（五一五頁）。

　あとで「中農養成策」を議論する際に詳しく述べることだが、柳田が一貫して、政府による農業保護政策を批判していたことを指摘しておこう。

「農業を保護してそれで農村が栄えるものならば、現代の保護はかなり完備している。……この方法ばかりでは農村衰退の問題が解決し得ぬことを、ようやくこのごろになって我々が経験したのである」（三七二〜三七三頁）。

「保護がなくては農村は行き立たぬという考え方、これがいちばんに人の心を陰気にする」（五二〇頁）。

†日本農業の「三つの希望」と現実

必要なのは「保護」ではなく、「自尊心の啓発」とそれに基づく農民、農村の自助努力なのだ。柳田は、この方向に沿った日本農業の「三つの希望」を語っている（五二一頁）。

第一は、農村に「働こうという者にはいつでも仕事のあること」。

第二は、「やめたいと思うときにやめられること。すなわち身に適したと思う次の仕事に、自由に移って行くことができること」。

第三は、「この職業の選定について、人が自分のためにもまた世の中のためにも、最も正しい判断を下し得るだけの智慮を具えること」。

自由主義的な「希望」の立て方に注意しよう。農村救済に必要なのは、国家による保護ではなく、全国各地の農民が賢くなって自立し、十分な報酬を得ることが可能な農業を営むことだ。それが不可能ならば、他の職業、できれば同じ農村の近傍の他の職業に転じて生計を立てることだ。

もちろん、こうした「三つの希望」が実現されるためには、さまざまな農業・農村改革が行なわれなければならない。柳田は、簡単ではあるが、経営規模を拡大するための「土地利用の改革」、水田以外の「畠地」の活用と「新種職業」の創生、都市と農村の間で利益を搾取する「中間業者」や「商人」の整理、都市の消費文化から独立した農村の「消費自主」あるいは独自の「文化基準」の確立の必要を述べたあと、『都市の農村』を次のような文章で結んでいる。

「都市を我々の育成所、また修養所・研究所たらしめんとする希望、都市を新たなる文化の情報所、また案内所・相談所たらしめんとする希望に対して、今よりもいっそう適切にその期待せらるる任務を果すのみでなく、あたうべくんばさらにこれをもって憂うる者の慰安所、また疲れたる者の休息所ともしてみたい。そうして農村をこれに対して、志気の剛強なる者の国のために、努力しかつ思索する場所としたいと思う。この分業さえ完全に行わるるならば、たとえ国土は人の子をもって充ち溢れるようになっても、なお日本をもって昔ながらの農業国ということができる。かつて微力を合せて花の都を築き建てた者の後裔（こうえい）は、見よ今日においてもなお静かにその隴畝（ろうほ）を耕さんとする願いを抱いているのである」（五四〇〜五四一頁）

都市を新しい文化の収集・教育・研究拠点、可能ならば、「噴火口上の舞踏」によって追いまくられ疲れ果てる場所ではなく、人に安らぎをも与える場所ともする一方で、農村あるいは地方を先祖伝来の豪強な気概の保存継承の場とし、両者の分業によって日本を繁栄させたいとする柳田の田園都市国家構想は、それ自体としては平凡であり、さして印象深いものではない。

しかも、その後今日に至る日本農業と地方の状況を見る限り、その穏当な改革案も実現されなかった。柳田の「三つの希望」は無残に裏切られたといってよい。

しかし、その失敗の原因を探り、失敗にもかかわらず、それが今日の我々にとって少なからぬ意義を失っていないこと知るためには、もう少し柳田の議論に付き合わなければならない。

5 「中農養成策」の顚末(てんまつ)

†生産性向上のための「中農」と「幸福なる小工業」

柳田の究極のねらいは、都市文化の中央集権を跳ね返して独自の農村地方文化を再建し、両文化の分業と両立を図ることだが、農政学者でもあった柳田は、その意図の実現のための経済的基盤の確立に配慮することを忘れなかった。すでに述べたように、この点は『都市と農村』においても触れられているのだが、経済政策論としては、むしろ、その二五年前(一九〇四年)に書かれた短編の「中農養成策」の方がより詳しく的確な議論を展開しているので、ここでは「養成策」を振り返ってみることにしよう。筆者の見るところ、『都市と農村』の経済学、経済政策的な部分のエッセンスは、ほとんど「養成策」の議論に尽くされている。

柳田の日本農業改革案の骨子は明快であり、日本農業が貧しく農村が衰退しつつある最大の原因が、耕地面積が一戸当たり平均で約一町歩と狭小で、生産性が著しく低いことにあることを思えば、思い切って農家戸数を半減し、せめて二町歩ほどの「中農」を育成して、経営効率の高い農業に改めることである。「大農」「富農」とはいかなくても、「中農」を養成して、「零細農」「小農」が低生産性のままひしめく現在の状況を改革することである。逆にいえば、経済の生産性の低い小規模農業をそのままに、いくら国家が保護しても、帰結するのは、国家財政負担のますますの増大と農民の士気の低下(モラルハザード)のみである。

農家戸数の半減は、もちろん簡単ではないが、国がリーダーシップをとって、農民間の土地の売買交換を促進し、土地の分割自由を制限し、模範農場を設けるなどの政策をとらなければならない。そうした政策を推進するための制度的基盤は、かつての村落共同体の相互扶助の伝統を継承しつつ、装いや機能を思い切って現代風に改めた産業組合あるいは農業協同組合である。より正確には、産業組合が土地の売買交換などの「中農養成策」のコーディネートを自主的に行ない、国は、産業組合法をつくって背後から支援するのである。

しかし、農家戸数を半減させるとすれば、当然、半数の農業者は離職せざるをえず、彼等が東京や大阪などの都市に職を求めるとすれば、たとえ「儲かる農業」ができたとしても、地方の過疎化と人口の中央集中と都市の過密という、当時からすでに問題になりつつあった歪んだ経済構造が生まれるばかりである。

そこで柳田は、全国各地の農村の近郊に地方的工業、柳田の言葉では「幸福なる小工業」（五八二頁）を興して、離農した農民を吸収しようと考えた。「幸福なる小工業」の内容を柳田は具体的に語っていないが、われわれの身近な例に引き寄せて、地元の「中農」がつくった酒米を原料とした酒造業、その酒造業の酒樽やガラスビンを供給するメーカー、製品となった清酒を運搬する運輸業などからなる地方産業コンプレックスなどをイメージしてもよいだろう。

もしそうした「中農」と地方工業からなる産業コンプレックスが地元にできれば、柳田が書いているように、運輸生産費が節約され、もちろん原料を提供する地元農民の収益も上がるばかりでなく、離農した農民の「他郷流離の不幸」を回避させ、田園に働く彼等の肉体的・精神的健康を保持させ、すでに述べたように、小面積の元農地を「家附耕地（ホームステッドランド）」として自家消費用の花や果樹や野菜を植えたり、家畜を飼うなどすることもできる。「中農」の近隣に位置する「幸福なる小工業」の従業員は、ハワードが夢想した「田園都市」の住人となるのである。

柳田は、同じ頃に書かれた『農業政策』で展開した「小市場→中市場→大市場」と発展してゆくのが「市場拡張の普通の──正常な──順序」とする独自の市場構造論などと相まって、全国各地の「中農」と「幸福なる小工業」からなる地方経済圏の分権的な連合体としての日本経済を構想し、その方向への改革を考えていたのだが、その点を詳述するのはここでは省略しよう（拙著『柳田国男の政治経済学』第1章参照）。

柳田改革構想に立ちはだかる農業保護主義

しかし、柳田の構想は、農政分野に限っても実現されなかった。「中農養成策」作成当時の柳田は、農商務省の役人だったのだが、農本主義に基づいて国家による農業保護を旨とする上司の酒匂常明（さかわつねあき）らの反対にあって退けられた。当時から戦後しばらくまでの日本農政思想の主流は保護主義だったのであり、柳田のような強い自由主義的スタンスを持った改革案が政府に受け入れられ、政策として実行されることは絶望的だった。柳田が農商務省をやめ、やがて民俗学に深入りしてゆくのは、この献策の拒否がきっかけだったともいわれる。ただし柳田は、日本農業とその改革に関する関心を終生失わなかった。

並松信久『近代日本の農業政策論』と山下一仁『いま蘇る柳田國男の農政改革』が詳しく論じているように、柳田の農政改革構想は、石黒忠篤ら幾人かの革新的農政官僚に受け継がれ、実現の努力がなされ、戦後の農地改革や農業基本法の思想的基盤を提供したが、構想が満足の行く形で実現されることはなく、今日の「農業消滅」「地方消滅」の危機をもたらすことになる。

柳田の構想が失敗した理由を、明治以来の日本政府の農業保護主義だけに求めるのは一面的だろう。彼の「中農養成策」は、国家による保護を求める農民自身によっても拒否されたからである。なるほど「中農養成」の促進機関として期待された産業組合はすでに明治時代に法制化され、全国各地につくられたが、戦前昭和期になってもそれへの加入率は低位に留まり、農民の多くは、経営規模の拡大と経営効率向上を基礎とした「儲かる農業」より、高米価や補助金政策による「保護」を選択した。明治以来の日本農業の窮状は、戦後日本の高度経済成長による農村から都市への人口移動と脱農化の裏面としての地方の過疎化と「三ちゃん農業」という形で「解決」されたのである。

経済や人口がこうなっては、もう「地方文化の建設」どころではなく、柳田の田園都市国家構想は、「死に絶えた」といって過言ではない状況にある。その状況をどうやったら突破できるか、大平の田園都市国家構想にその突破の役割を期待出来るか――それが本書の基本的な問題意識なのだが、その点を議論する前に、柳田の議論を追いかけてきて筆者が気になっていた論点に触れておこう。

6　柳田の自然観

†「科学の対象としての自然」

柳田が田園を評価するのは他の田園都市構想論者と同一だが、すでにある程度は述べたように、その評価の仕方は、他の論者と微妙に、あるいは大きく異なっている。なるほど彼もまた、ハワードや香山や昨今のエコロジストと同様に、人間の健康によい「太陽と水と緑」を評価する。「中農養成策」に見られるのは、そうした「健康によい自然や田園」だ。

それに対して、「地方文化建設の序説」や『都市と農村』に見られるのは、農村の田園のなかで培われる社会的ルールや権威の尊重の精神、勤勉性、士気の剛強さなど、広い意味での「道徳によい自然や田園」の評価だ。

そもそも、自然や田園といってもさまざまなものがあり、浅薄なエコロジストやテレビのコマーシャルに現れるような「健康によく」、人間に快楽や快適さを与える自然や田園は、それらの一部に限られる。すでに述べたように、地震、台風、津波、洪水、大雨、旱魃と飢饉、病原菌、エイズウイルス、コロナウイルス……、そして生き物の宿命としての死なども自然の一部であり、人類が古来それらを恐れ闘ってきたことを思えば、ジェイコブズが批判するように、「自然賛美」を旨とする世のエコロジストの自然観はあまりに「感傷的」なのである。

無論、他の論者も、「自然の怖さや残酷さ」に無知ではない。たとえばハワードは、「田舎」のネガティブな面を指摘した上で、その「おいしい」ところをもらい、都市の「おいしい」ところと合体させて「田園都市」をつくろうとした。が、ロンドンのスラム街のネガティブな側面からの脱却が当面の急務であったためか、「自然の怖さや残酷さ」に対する掘り下げた考察は彼には見られない。

では、柳田の場合はどうだろうか。都会生活者の田舎に対する矛盾した心情を説明して「その一つは村の生活の安らかさ、清さ楽しさに向かっての讃歎であり、他の一つはすなわちその辛苦と窮乏また寂寞無聊に対する思いやりである」(『都市と農村』三九九頁)と述べた柳田が、自然の素晴らしさと過酷さの双方を知らないわけはないが、自然そのものをどう考えていたかがもう一つはっきりしないのである。

たとえば、『明治大正史世相篇』のなかには、近代日本の田園の色彩の変化を記述した次のような文章がある。

「松の老木を目標としたことは古かったが、花をその間に栽え交えたのは、また多くは明治であり、それが大正に入って樹高くなった。桃李などの果樹の畠も、今では明るい村々の脚光である。木芙蓉・夾竹桃・百日紅の類の、真赤な夏の花を好んだのも流行であったが、今では日本半国の田舎の、それが夏景色の基調とさえなっているのである。しかし何と言っても大規模なる風景の改造は、もっぱら田園の方に行なわれたのであった。野を拓いて麦生にすると、はやそれだけでも色の調子は強くなるのであったが、次いでその間に菜種の花を咲かせることになり、さらにまだこれでもかと言わぬばかりに、田には処々に紫雲英を作り始めたのである」(一三五頁)。

これは、明治大正以降の日本の田園風景が、松の老木の間に花を植え、桃李などを植えるなどして段々と美しくなってきたことを述べた文章だが、その書きぶりはまるで植物学者のそれのように客観的で分析的で、要するに「科学的」である。もちろん田園風景の美に着目し反応してはいるのだが、そこには少しの感傷も陶酔も自然賛美も含まれていない。

この文章やその他の文章に現れている柳田にとっての自然は、いわば「科学の対象としての自然」以上のものでも以下のものでもない。

自然のなかにある人間への関心

さまざまな自然描写の仕方をしつつも、おそらく柳田の最も強い関心は、中村哲の卓抜な表現を借りれば、「自然そのものではなく、自然と密着して今なお続いている原始さながらの人間の態様」（『新版　柳田国男の思想』二三二頁）に向けられていたのであろう。

中村の示唆に導かれて『遠野物語』を読み返すと、確かに、そこで生き生きと描かれているのが、遠野の自然そのものではなく、それを背景とした、あるいはそのなかに埋め込まれたザシキワラシや母殺しの息子などであることを発見する。中村は、柳田の「田園への愛慕」の背後にあるモチーフを表現して次のように書いた。

「人間における自然は理性的なるものではなく、意欲的なもの、感情的なものであり、本能的なものであって、それが素朴なままに示される太古の姿を、とり残された山間僻地の常民に発見しようというのである。従って初期において柳田の好んで描いた山の妖怪や魔物は自然界を描くためではなく、人間の始原的な本性に遡ろうとするものであった」（二三二頁）。

もちろん「山の民」から「里の民」へと視点を大きく転換させた柳田の自然観を、初期から後期に至るまで変わらなかったとするのは無理があるかもしれないが、自然そのものというより、自然のなかに埋め込まれた人間の「太古の姿」に着目し、それを原型とした人間たちが、武士と城下町を生み出し、明治維新をなし遂げ、今日の日本をつくってきたとする思考の方法には変わりがなかったと考えてもよいのではないか。中村は、そうした柳田の方法を「農村における人間こそが日本人の歩んできた道の原型だという固定観念」(二四六頁)とも、バビットがルソー思想に見た「原始主義 primitivism」(二四八頁)に似ているとも、いささか皮肉まじりに形容している。

柳田にとっては、日本人の原型、よき原型が自然のなかでつくられ保存されているからこそ、自然と田園が大切なのである。逆にいえば、自然・田園・農村が「噴火口上の舞踏」を繰り返す都市と市場経済の圧制によって破壊されれば、日本人は日本人でなくなり、日本は亡びてしまう。

こうした自然観から見れば、「自然の怖さと苛酷さ」もまた、よき日本および日本人形成に役に立つ。静思し社会法を順守する、剛強で勤勉な日本人は、「健康によい太陽と水と緑」ももちろんだが、苛酷な自然環境に共同で立ち向かう農業によっても生み出される。

このように考えてくると、筆者は、一九六一年に発表された福田恒存の「自然の教育」

というエッセイを思い出す。ある良質なアメリカ人との遭遇をきっかけとして書かれたそのエッセイのなかで福田は次のように述べている。

「自然に対する私達の付合い方は、私達一人一人の付合いを決定すると同時に、その時代の付合い方を決定する。個人の人柄と同時に、その時代の道徳や文化を決定する。自然に対して無関心であったり、粗暴であったり、冷酷であったり、おろそかであったりすれば、その人の、あるいはその民族の、その時代の付合い方が優しく懇(ねんごろ)になるわけがない」(「自然の教育」三七〇〜三七一頁)。

「自然は私達に忍耐を教え、勇気を教え、深切(しんせつ)を教える。思いやりや愛情を教える。また時には冷酷になれと教え、厳しくなれと教える。草木や山や河や、雪や嵐や、その他、自然現象のすべてが季節の転変を通じて、私達に絶えず道徳教育を施しているのだ」(三七二頁)

　福田は書いていないが、我々を教育して人柄を、時代の道徳や文化を形成すべく期待される自然の最たるものは、すでに触れたように、「死」という宿命的現実だろう。「死とどう向き合うか」を教えるものが宗教あるいは各民族の死生観だとすれば、自然から目を背け、都会の「噴火口上の舞踏」に打ち興じることによって失われる最たるものは、宗教教育であろう。別の言い方をすれば、現代人あるいは都会人は、「死」から目を背け、それを忘れるために、あるいは「死」の不安に追い立てられて、ネットゲームやビジネスゲームという「気晴らし」（パスカル『パンセ』）に打ち興じているともいえるのである。

†「家の宗教」の保守

地方文化の崩壊がもたらすものは、「地方文化建設の序説」がいうように、地主階級の旧家によって主に伝えられてきた儀礼、諸道徳、権威、郷土精神であることは間違いないが、すでに述べたように、柳田が、これらの核心に「家の宗教」すなわち日本の固有信仰としての祖霊信仰を暗黙のうちに考えていたこともおそらく間違いない。彼の固有信仰論が集大成を見るのは、太平洋戦争末期から終戦後に書かれ出版された『先祖の話』を始めとする三部作だが、その三〇年以上前に書かれた『時代ト農政』ですでに彼は次のように書いて、田舎あるいは農村から大都会への人々の移住が、「家殺し（ドミシード）」と「家の宗教」の壊滅につながりかねないことを強く警告しているのである。

「……今日は永住の地を大都会に移すのは十中八九までドミシードすなわち家殺しの結果に陥るのであります。……各人とその祖先との聯絡（れんらく）すなわち家の存在の自覚ということは日本のごとき国柄では同時にまた個人と国家との連鎖であります。……家がなくなると甚だしきは何ゆえに自分が日本人たらざるべからざるかを自分に説明することも困難になる。

……とにかく国から見ても個人の倫理の側から見ても、一個人が家の永続を軽んずるという事は有害であることだけは確かであります」（五六〜五七頁）。

大都会への移住がドミシードをもたらす理由を柳田はほとんど説明していないが、家代々の田畠や黒光りする大黒柱に象徴される家屋など、「家」の存在と継承を具体的に実感させる舞台装置を、いつ転勤命令はおろか、リストラされかねない「噴火口上の舞踏」ビジネスに追いまくられる都会において用意するのが困難になるなどの理由のほか、「都市文化」に染まった都会人がますます個人主義を通り越して利己的になり、昨今の日本や欧米に見られるように、結婚すら煩わしくなる男女が増えるなどという理由も考えてよいだろう。

7　柳田から見た『田園都市国家の構想』

逆にいえば、柳田が最も重視するのは「家」や「家の宗教」の保守であり、農村や田舎や地方はその保守のための環境あるいは手段として尊重されるとさえいえるのである。

柳田の田園都市国家構想を以上のように理解した上で、報告書『田園都市国家の構想』としてまとめられた大平構想を柳田の目から見たらどう見えるかという点を少し詳しく論じてみよう。大平構想に関する筆者の感想もすでに簡単に述べたが、ここでは、「柳田の観点から見たら」という点に踏み込んで検討してみようというのである。

両者、さらに柳田と内務省有志やハワードの構想の関係については、これまでも随所でコメントしてきたが、「国家構想」「国家ビジョン」という点ではハワードのそれは——その背後にある社会主義的・心霊的ビジョンはさておき——たかだか都市論の域を出ず、内務省のそれは、ある種の国家ビジョンであるとはいえ、柳田の分権主義や自由主義とはあまりに視点が違いすぎた。自然、家庭、地方の復権を目指した自由主義的分権国家の構想としては、『田園都市国家の構想』での言及はないとはいえ、大平構想と柳田のそれは類縁関係にある。

柳田構想と大平構想を比較するに当たって、次の点を確認しておこう。

第一は、筆者には一方的に柳田を是として、大平の欠点を指摘するつもりはないということだ。柳田の構想は、明治から昭和の初期にかけて形成されたようだが、そのための「時代ビジョン的制約」というものもやはりあり、彼の自然、農業、農村、地方、家、家族などの考え方に「時代遅れ」の側面があることは否定できない。従って、彼の議論を機械的に今日の日本に当てはめるわけにはいかず、少なからぬ労力を費やして、「現代風」に再解釈しなければならないのである。さらに柳田思想自体が完全無欠ではありえない。特に、その極端なまでの「都会嫌いと田舎好み」という「固定観念」にも、相応の批判と再解釈が加えられなければならないだろう。これらの点を考慮しながらの大平構想の再吟味——これがここでの方法である。

第二に、これもすでに述べたことだが、半ば「公文書」である報告書『田園都市国家の構想』を論ずる際には、実際に執筆しなかった大平や研究会に参加して意見を述べただけの一般研究員はもちろん、報告書の執筆に当たった香山健一と山崎正和、さらにそのとりまとめ役をした梅棹忠夫にしても、当代一流の知識人であるだけに当然、事実上の「公文書」には書けない、それぞれの卓見を持っていた違いない。

これらの留保をした上で、両者の構想を比較すれば、そこには、多分に中央集権的な傾向を帯びた経済成長によって痛めつけられ弱体化された自然、文化、農村、田舎、地方、家庭、地域コミュニティを回復し復権しようという共通の熱い思いが読みとれる。

かつては、経済成長によって犠牲にされたもののなかに賃金労働者が含まれており、それが、ハワードらの社会改良運動を促した面があったが、大平構想においては、戦後の高度経済成長と日本的経営の成功のゆえにか、その点は大きくとり上げられていない。柳田においても労働者救済が正面から取り上げられることは少ない。もっとも、彼の場合は、明治以来の急速な集権的経済成長と都市化によって、貧困な農村からの離農と都市への移住と「噴火口上の舞踏」としての都市生活を余儀なくされた元農民の悲哀という形で理解されており、それが無産政党への支持という形で現れたとしてよいが、柳田の直接の関心は、労働者ではなく、農民の窮状に向けられており、その意味では大平構想と異なるところはない。

†自然観の違い

しかし自然に対する態度には大きな違いがある。柳田には、大平構想の報告書にあるような「太陽と水と緑の蘇生」などという表現は見当たらない。彼が生きた時代（明治〜昭和前期）には、足尾銅山事件などがあったにせよ、国民的課題は、自然破壊への対応よりむしろ「貧困からの脱出」という点にあった。それに対して大平の構想が具体化されつつあった時代（一九七〇年代後半）には、戦後の高度成長が水俣、新潟、四日市など全国各地に「公害」をまきちらし、その克服と制御が国民的課題となっていたのであり、「太陽と水と緑の蘇生」を政権がとり上げるのは当然の責務だった。

両者の間には、おそらく、より根本的な自然観の違いがある。柳田には「太陽と水と緑」そのものを賛美するメンタリティが希薄だった。「家附き耕地」の精神的・肉体的効用を自覚し「幸福な地方的工業」のよさを推奨するのにやぶさかではなかったが、彼の基本的な関心は、良くも悪くも自然のなかに込められた人間の「太古の姿」あるいは、場合によっては苛酷ですらありうる「自然による人間の道徳教育」だった。

香山や山崎や梅棹、特にユーラシア大陸の苛酷な自然を踏破した梅棹が、「自然の怖さや苛酷さ」を知らないはずはない。ある意味では柳田以上に身体（からだ）で知っていたはずだが、その点を報告書に書くことはなかった。「田園」にも苛酷な面があることを強調したのでは、大平政権の前向きの政策を支える構想にはなりえなかったのだろう。

ただし、『田園都市国家の構想』（一六一〜一六三頁）には簡単ではあるが「自然災害からの安全の確保」の重要性が指摘されており、また第四章で触れる、同じ政権の総合安全保障研究グループの報告書『総合安全保障戦略』（七九〜八三頁）には「大規模地震対策」など危機管理体制構築の必要性が、軍事面での安全保障と並んで、強調されており、政権全体としては、さすがにこうした点に対する目配りも疎（おろそ）かにされていない。

しかし、報告書においても、柳田の「村の静思に養われた堅実なる社会法の承認」や「生産趣味」、福田の「自然の教育」という論点はもう少し強調されてもよかったと思う。逆にいえば、昨今の病理現象にあえて引き寄せていえば、青少年をゲーム・ネット依存症からも守るためにも、「噴火口上の舞踏」としての都市文化に対する懐疑はもう少し強く表明されるべきではなかったかと思うのである。

すでに述べたように、報告書は、ベンヤミンの「複製文化」論に依拠して、だれもが受け身で同じようなものを享受するという現代都市文化のあり方を批判して、「本物の文化」「生の文化」「能動文化」「多様で個性的な文化」の創出を提唱しているが、現代日本の都市文化はそれらのイメージとはかけ離れた「噴火口上の舞踏」を人々に、子どもたちに強いているのではないか。

「複製文化」ではない「多様で個性的で能動的な文化」を地方にも広め、「中央と地方の文化格差」の是正をはかるという報告書の提言の善意は疑わないが、その奥底には「地方文化」に対する蔑視とまではいかなくても、軽視や無関心が隠されているようにも思われる。「中央と地方の文化格差」の是正には、柳田が力説したように、自尊心を持った地方人自らによる「文化の自治」の回復が伴わなければならないのである。

もちろん都市文化には悪い面ばかりがあるのではない。筆者は青少年を蝕みつつあるゲーム・ネット依存症などに接すると、なぜ子どもたちに野山をかけめぐらせ、虫とりや魚つりを日が暮れるまでさせ、自然のよさも怖さもともども味わいさせようとしないのかなどと思う反面、水洗トイレをやめ汲み取り便所に戻ったり、車社会をやめ草鞋で数里の道を歩く昔に戻りたいとは決して思わない。都会や都市の快適さを手放したくないとも思っている。

その意味では柳田の「都会嫌い」は行き過ぎであり、自らは、成城という当時の郊外とはいえ東京という大都会で生涯の大半を過ごし、都市文化のメリットを十分享受したのだから、手前勝手な言い分ではないかと思うこともある。

だから柳田の「都会嫌い、田舎好き」には適切な修正が加えられなければならないが、彼が、そうした感情とともに、あるいは感情を超えて、日本人の道徳や宗教に関して行なった考察、端的にいえば「家の宗教」を中心とした日本人の生き方に関する考察には傾聴すべき面が多い。そして、『田園都市国家の構想』に関する限り、大平構想にはこの点に関する考察がいかにも手薄に思われるのである。

しかしこの点に立ち入る前に、地方文化の経済的基盤の問題に関する両構想の異同を確認しておかなければならない。

†地方経済活性化の問題

すでに述べたように、報告書は、この点に関して、「就業機会の創出」「個性ある地域づくり」「文化・社会面の重視」「自然環境との調和」「自主性・多様性の尊重」「民間の活力ある展開」「中央・地方政府の補完」の七つの視点に立って、環境負荷が少なく文化面との接続も可能な「ファイン・テクノロジー」すなわちソフト・ハードのＩＴを一つの軸とした地方経済を、地方のイニシアティブに基づいて振興することを目指している。そこから「技術田園都市圏」などという構想も生まれてくる。

結果論になることを承知の上でこれを評価すれば、「ファイン・テクノロジー田園都市」が地方経済を活性化することはなかった。というのも、当時すでに地球を覆いつつあったグローバル・エコノミーは、やすやすと国境の壁を越えて、日本の地方の頭越しに、世界各地に生産拠点と販売拠点をつくり出していったからである。

典型的な例としてはかつてのアメリカＩＣ産業、たとえばテキサス・インスツルメンツは、本国から大量の基盤ウエファーを飛行機に載せて台湾や韓国に運び、それらの国の安価で勤勉な労働力を駆使して加工を行ない、ＩＣチップを製造し、再びそれら大量のＩＣ製品を本国に持ち帰り販売するという、いわゆるオフショア生産を展開した。そして日本企業もやがて同様の道を歩んで行った。

もちろん「ファイン・テクノロジー」のソフト生産も、というより、輸送費などのかからないソフト生産こそ、国内に生産拠点を置く必要はなく、それがインドや中国に置かれてはならない理由はない。

一口にいえば、大平構想の地方経済活性化策は、「地球社会の時代」「世界に開かれた田園都市国家」などのスローガンにかかわらず、地方を素通りするグローバル・エコノミーの帰結を無視していたといえる。その意味では、「国際経済時代」あるいは「世界経済時代」の「不運」を強調した柳田の方が正鵠（せいこく）を得ていたといえるだろう。

さらに、これもすでに述べたことだが、報告書の地方経済活性化策の一つの問題は、典型的な地方産業の農業の活性化策がほとんど書かれていないことである。『田園都市国家の構想』にも、柳田の「中農養成策」に対応するような具体策が書かれるべきではなかったか。

もちろん、農業だけで地方経済全体を活性化することはできない。産業人口の四〇％を農業人口が占めていた柳田の頃の日本農業、明治から戦後の高度経済成長前夜までの日本農業に関してすら、柳田は、農業と地方の活性化のためには、「中農」に加えて「幸福な地方小工業」の創生が必要と考えた。ましてや農業人口が五％を切り、しかもその大半は「三ちゃん農業」化しつつあった一九七〇年代の日本の地方を活性化するには、「農業」＋αが不可欠なのは当然である。

しかし、たとえ規模が小さくとも、地方経済の中心部に、「儲かる農業」が存在することは、「食糧安保」のためにも、水田の灌漑機能を通した国土保全のためにも不可欠なことである。そもそも、「太陽と水と緑」が人間にとって快適なものであるためには、農民をはじめとする人間たちの並々ならぬ労力と費用の継続的な投下とケアが必要なのだ。「美しい田園や自然」は、「自然の賜物」ではなく、「人間の労苦の賜物」であり、「人為の産物」であることは、ほんのわずかでもケアを放置された野山がたちまち荒れ果てた土地になることからも明らかであろう。報告書の田園観・自然観には、表向きの議論を読む限り、こうした認識が欠けている。

しかし、柳田の農業・地方経済活性化も、そのままではやはりどうしても「時代遅れ」の印象は否定できず、その意匠を生かすには一層の考察と工夫が必要となる。この点については次章で私論を述べたい。

8　柳田から見た『家庭基盤の充実』

†基本としての家族愛

柳田がこだわった「家の宗教」を中心とした地方文化と大平構想の関係に話を戻そう。

この点に関する『田園都市国家の構想』と柳田的観点との関連はそれほど強いものでは

ないが、それと対になった家庭基盤充実研究グループの報告書『家庭基盤の充実』との間には、ある種の密接な関連を見ることは可能である。

国家などの力を過度に借りず、自立した各家庭が主体的に生活を営み、子供を育て、しつけし、老親の面倒を見、やがて自分自身も子供や孫に面倒を見られてこの世を去る——これは柳田の「家」の一面でもある。執筆者の一人の香山の自由主義的・反社会主義的・反福祉国家的スタンスに反感を覚える人々もいたが、自立し主体性を持った家族が基本となるという主張自体に筆者は反対しない。家族の世話を「社会」や「国家」に委ねるという主張には、どこかごまかしが含まれているように思われるからである。

もちろん家族を世話することが、自分や他の家族に過重な負担を与えることになってはならない。「嫁にすべてを任せる」などというのはもっての他であり、誰かの負担を軽くし和らげることは「やさしさ」の表現でもあろう。もうじきこの世を去る高齢者の一員としていえば、あの世に行くに際しては、可能な限り、息子や娘や孫たちの迷惑にならないように心がけたいものだ。仕事があって育児ができない場合には、積極的に保育所を、親の介護が出来ない場合は積極的に介護士や老人ホームの力を借りればよい。

重要なのは、家族が家族の絆、家族愛を失わないことである。こういってしまっては、柳田学や民俗学の専門家、あるいは柳田自身から叱られそうだが、「家の宗教」には「家父長」も「血縁」も不可欠ではないと筆者は考えている。もちろん「嫁いびり」などはまったく不要であり、死者（先祖）と未生の者（子孫）を含めた家族の間に、いたわりと慈しみと追慕の心があれば「家の宗教」は成立しうる、というのが筆者の考えである。

もちろん家族は「愛」や「いたわり」や「慈しみ」だけでは成立しない。まず何より「稼がなければならない」し、ネットゲームにはまっている子がいれば、断固として怒らなければならない。アポ電詐欺の手先をしている息子がいれば、警察に通報した上で親子の縁を切らなければならないこともあるだろう。「家族すること」は楽しいばかりでないことは、どの家族もよく知っていることだ。

『家庭基盤の充実』を通読して筆者が受け取った主要なメッセージは、批判者たちが目の敵（かたき）にする「新自由主義的スタンス」などではなく、こうした誰でも知っている平凡な家族像だった。その意味では「安心した」とも、「面白くなかった」ともいえる。

†つながりがつくる「永遠の生命」

柳田が『家族基盤の充実』を読んで不満を覚えるとすれば、おそらく、その最大のものは、家族を論じながらそれが死生観にまで深め高められていないということだろう。「家族」と「死生観」のあまりのギャップに戸惑う読者もいるだろうが、それが、ゴッドやアラーを持たない日本人の信仰――柳田のいわゆる「固有信仰」――のエッセンスなのだ。さらに、柳田宗教学を筆者なりに拡張解釈すれば、親しみのある人と人、親しみのある人と世界との「つながり」のなかに、自分一個の生命を超えた「永遠の生命」を見ようとするのが「家の宗教」なのである。

『家族基盤の充実』の執筆者が「家の宗教」に無知だったと思われない。というのは、その報告書には次のような記述があるからである。

「各個人、各家庭にはそれぞれ寿命があるが、有限の個体の生命や各家庭の寿命を超えて、生命の流れは継続し、家庭の歴史と文化は伝承されていく」(六八頁)。

しかし、惜しむらくは、この点に関する記述は、この引用文も含めて六行ほどに限られ、宗教的含意が掘り下げられることがなかった。もちろん柳田への言及もない。

「有限の個体の生命や各家庭の寿命を超えて継続する生命の流れ」を柳田は「家」と呼んだのだが、この「家」を、通常の意味での家族や先祖や子孫に限らず、「私」に親しみのある、過去から未来に渡るすべての人やモノの集合体と考えてもよいのではないか、とまで筆者は考える。「私」はそれら親しみのあるものとともに永遠に生きる。

それというのも、「私」の人生＝生命が、父や母、息子や娘、教師や学生、友人たち、故郷の山や川や高速道路やマンホールの蓋と決して切り離せないことからもわかるように、親しみのあるものは「私」の生命の一部だからだ。そして、「私」が死んでも、この人は生きて、「私」が死んだあの人を想い出すように、「私」を想い出す。やがて生まれてくる新しい人も、「私」に親しい世界の一部を継承する限り、親しみのある人なのだ。あそこにああして見える風景も「私」などには無頓着に存在し続けてきたし、存在し続けるだろう。それらの人や世界が「私」に親しみがある限り、「私」の生命の一部と感じられる限り、「私」はそれらとの「つながり」のなかで「永遠」に生き続ける。

「永遠に生きる」者に時間はない。「過去」→「現在」→「未来」と一方的に流れる時間、過ぎ去って取り戻せない「過去」と、不確実で未知の「未来」と、その狭間の刹那にのみ存在する「現在」からなる、近代人が慣れ親しんだ「時間」、近・現代に支配的な「進歩的時間意識」というものはない。

逆にいえば、「現在」のなかに「永遠」があるともいえる。というのは、「永遠に生きる」者の「現在」は「過ぎ去らず」、来るべき「未来」も未知ではなく「既知」なのだから、彼らはどの「現在」においても「常なるもの」を実感できるからである。もちろん外形その他はめまぐるしく変わるが、「永遠に生きる」者は、それら「流行」のなかに「不易」を見る。

筆者の見るところ、柳田は、「家の宗教」の研究を通じて、こうした時間意識——カール・マンハイムがいうところの「保守的時間意識」――に到達している。宗教論や時間論を報告書に期待するのは無理だろうが、本書冒頭に述べたように、田辺元の「永遠の今」という言葉を座右の銘としていた大平には、柳田の時間意識・宗教意識を即座に理解できたに違いない。

†現代人の時間意識と死の恐怖

このような古風な時間意識を持つ者、それが真実の時間であると考える者にとって、「噴火口上の舞踏」を踊る現代都市の文化、現代都市の時間意識ほど空しく愚かに見えるものはない。「革新」や「イノベーション」の名の下に次々と現れ、現れては消えるバブルのような新意匠は、人びとの時間感覚を狂わせ、束の間の快楽と裏腹の疲労感と空虚感しか残さない。都会人は皆、自分たちが巨大な空虚、じっとしているとたちまちそのなかに引き込まれてゆくブラックホールの上で空しく踊っていることを知っているのだ。

なぜ踊るのか。とりあえずの理由は、現代都市の随所で展開される猛烈な競争、たとえば販売競争によって、静止している者、停滞している者が敗者の地獄に引きずり落とされるからだが、そのさらに奥底には、敗者にも勝者にも待ち構えている死に対する現代人の不安と恐怖がある。死が不安で恐ろしいから、それを忘れるために猛烈に活動し舞踏する——それが現代人の象徴としての都会人の「救い」なのだ。そして、その「救い」がさらに現代人を窮地に追い込んでゆく。「救い」があっても死は必ず訪れる一方で、彼らが、死と直面し死を受容する術、先祖伝来の知恵＝死生観を忘れてしまったからである。

しかし、「幸い」なことに、彼らの不安と恐怖を和らげ、足下の空虚をかりそめに埋めるものが次々と現れる。猛烈な活動自体がその一つなのだが、現代に新宗教、新々宗教に事欠くことはない。かつてのマルクス主義なども「知識人の阿片」、すなわちある種の世俗的宗教だったのだが、現代により普遍的な疑似宗教としては、「科学技術信仰」を挙げるべきだろう。実際、一九世紀フランスの進歩主義者コンドルセは、科学技術と医療の発展の先に「不老不死」の世界を待望したのだが、それが夢想、幻想にすぎないことは、本人も白面の時は承知していた。

問題なのは、「親しいものとのつながり」の感覚が失われることだ。猛烈な競争は人と人の「つながり」を破壊し、彼らにますますエゴイストになることを余儀なくさせるばかりでなく、「創造的破壊」は「現在」と連結すべき「過去」を破壊し、まったく予見できない「未来」を暴力的に「現在」へと持ち込み、「過去」と「現在」と「未来」を分離する。時間の流れは分断され、「現在」は「永遠の今」ならぬ「刹那」となり、各人は「昨日の自分」と「今日の自分」と「明日の自分」の「つながり」を絶たれて、アイデンティティの危機に陥る――「自分は一体何者なのか?」と。

時間の流れが分断され、「昨日」と「今日」と「明日」のつながりがなくなれば、それらをまとめた「物語」を語ることもできなくなる。「物語」あるいは「歴史」とは時間のつながりと脈絡があって可能となるからだ。マッキンタイアの人間の本質は「物語を語る動物(story-telling animal)」であるという説が正しければ、これは、現代人が人間でなくなりつつあることを意味している。

もちろんこれは現代都市文化や都市文明の病理的側面をクローズアップした議論であり、現代文明には健全な面、よい面もある。翻って、田園文化や農村文化にも否定的で病理的な面――たとえば不潔なトイレや閉鎖的な人間関係など――もあるから、議論は公平でなければならないが、報告書の『田園都市国家の構想』や『家庭基盤の充実』には、都市文化の病理的側面に関する掘り下げた議論が見られない。「それ以上のことは研究員各人の個人的研究を参照してくれ」ということなのであろうか。

9 時代的制約を超えて

†「農村文化」「地方文化」をいかに受け継ぐか

柳田の議論は、現代都市文明の病理を解明し病を治癒するために大きな意義を持っている。われわれは、不安と焦燥に駆り立てられて人と人、時間と時間とを分断する「噴火口上の舞踏」に没入してはならず、文明に落ち着きとリズムと「つながり」を回復しなければならない。あるいはベラーら（『心の習慣』）の言葉を借りれば、「分離の文化（culture of separation）」にかえて「まとまりをもつ文化」（culture of coherence）をとりもどさなければならない、せめて、「分離の文化」に「まとまりをもつ文化」の要素を付け加え、「分離の文化」の破壊作用を和らげなければならない――これが、筆者なりに解釈した柳田都市文化論からのメッセージである。筆者はこうしたメッセージに賛成であり、自分でも同種のことをこれまで書いてきたのだが（『カール・ポランニーと金融危機以後の世界』第四章、『日本リベラルの栄光と蹉跌』第四章など）、「現代日本で、具体的にどうやって」という問いは残るだろう。

そうした問いを持ちながら柳田の議論を追いかけていると、当たり前のことだが、克服しがたい「時代のギャップ」を感ずることになる。全産業人口の四〇％を農業人口が占めるという「日本農業の不変の常数」はすでになく、日本農業は生産額からいっても従業者数からいっても日本産業の一握りの部分を占めるにすぎなくなっている。柳田が強調するように、武家も商家もそのルーツは農家であり、都市住民は田舎住民によって補充されてきたとすれば、商工業者による商工業者の再生産、都市による都市の再生産がかなり前から常態となってしまった現代日本では、すでに「補給のルート」が断たれているといってよい。従って、地方文化が日本の屋台骨を提供してきたとすれば、現代日本は根っこから崩壊しつつあることになる。日本民俗学のフィールドが消滅したに等しいのが現状なのであってみれば、柳田の話は「日本昔話」になってしまったのだとも思われてくるのである。

しかしだからといって、柳田構想がまったく無意味になってしまったのかといえば、筆者は違うと思う。

それというのも、柳田の「都市」と「農村」の具体的イメージや、農村偏重という彼の「固定観念」を文字通り受けとる必要はないからである。柳田の「農村」は、自然を土台とし、安定して、多少なりとも克己の訓練を要し、生前から死後に至るまでの長い時間視野を人間に可能とする環境ともいい換えることができる。

もちろん、そこはユートピアではない。「農村」にも「農民」にも、不安、焦燥、恐怖はあり、「農作業」はやはりつらい。しかし「農作業」すなわち自然との対話がつらいからこそ、人は克己を学び勤労精神を身につける。やはり生老病死の不安と恐怖と悲しみがあるからこそ、「祖霊信仰」という物語を先祖から受け継ぎ、その信仰を核として、さまざまな儀礼や年中行事を行なってきた。その世界では人と人、時間と時間が分断されず、リズムを持った「まとまりをもつ文化」が支配している。

こうして段々と「農村文化」「地方文化」の特性を抽象化して考えていけば、そのすべてではなくとも、そのエッセンスのいくばくかを有意味な形で現代都市文化のなかに差し込むのは不可能なことではないと筆者は思う。

†「ケ・ケガレ・ハレ」のリズムがもたらすもの

たとえば、トクヴィルに基づいて「分離の文化」と「まとまりをもつ文化」というカテゴリーを抽出し、後者の復権を主張したベラーらは、アメリカ人にとっての「まとまりをもつ文化」の基礎が聖書的伝統と共和主義的伝統にあることを指摘し、次のように述べて、その意義が、時間に意味のある形を与え、人びとの生活にリズムをもたらす点にあることを強調した。

「たとえば宗教共同体は、マスメディアが差し出しているような質的に無意味な感覚の連続的な流れとして時間を経験したりはしない。一日、週、季節、一年のそれぞれが、聖と俗の交替によって区切られている。……そして、私たちの共和主義的伝統もまた、時間に形を与えるものをもっている。私たちは特定の日に過去の偉大な出来事を思い起こし、私たち自由な国民とは何者であるのかを教えるよすがとなる英雄を思い出す。私的な家族生活でさえ、感謝祭の晩餐（ばんさん）や独立記念日のピクニックを行なうことによって、ひとつのリズムを共有している」（『心の習慣』島薗・中村訳、三三八〜三三九頁）。

また我が国の福田恒存も、祝祭日の意義を次のように説明している。

「祝祭日とは何か。その効用は何なのか。一口に言えば、それは文化共同体の生活を整え、それに折目を付け、リズムを与えるものであります。……その原動力を成すものは自然と季節であって、自由だの平和だの、よりよき社会だの豊かな社会だのというものではありません。そして日本ばかりでなく、世界中どの国においても、自然や季節に最も直接的な支配をうけるものは農耕生活であり、一見それと相反する様な方向を目指しているかに思われる近代国家や近代社会でさえ、実はそれを根として初めて成立するものなのです」（「祝祭日に関して衆参両院議員に訴ふ」一〇七〜一〇八頁）。

ベラーや福田に共通していることは、祈りや独立記念日のピクニックや正月などの祝祭日が、無意味な挿話の連続になりがちなわれわれの日常生活の時間に、質的に異なる切れ目を入れると同時にそれを統合し、全体として、時間を意味のあるまとまりとする効用があるということだ。それを彼らは「時間に形を与える」「生活に折目を付け、リズムを与える」などと表現しているわけである。この「リズム」の重要な要素としてベラーらは「聖」と「俗」などのカテゴリーに言及しているが、柳田流に「ケ」「ケガレ」「ハレ」などを考えてもよいだろう。

やや異なる文脈においてではあるが、山崎正和も『リズムの哲学ノート』のなかでリズムを定義して「根源的に切れ目を内在した流動」(三八頁)としているが、この場合の「リズム」も全体としてまとまりとなんらかの意味を持つものとされているとしてよい。無意味に散乱する音は「騒音」や「雑音」とはいえても、「リズム」とはいえない。

こうした質的差異の導入と意味論的統合がなく、毎日が「ケ」あるいは「ハレ」だけになれば、時間は形とリズムを失い、慌ただしくはあるがのっぺりとひたすら流れ過ぎゆく時間となる。そこには「物理的時間」はあるが「歴史的時間」はない。時計によって計測される物理的時間においては、物理的連続性はあるが、その時間軸の上で展開される出来事や行為の間の意味的関連が損なわれ、全体としての意味が失われる。

そもそも「意味」とは、質的区別とそれらのより高次な次元での再統合によって生まれる。もっとわかりやすくいえば、「正月」と「ひなまつり」と「端午の節句」と「盆」などの「ハレ」の日とそれらに挟まれた「ケ」と「ケガレ」の多くの日々があるから、わたしたちは意味のある「人生」を語りうるのだ。毎日が「正月」あるいは「勤労」の日となれば、自分の「人生」を記憶すらできなくなるだろう。

福田が、柳田同様、祝祭日の原型あるいはルーツを自然、季節、農耕に求めているのは大きな問題ではない。慌ただしい都会生活においても、昔よりさみしくなったとはいえ、「盆」や「正月」や「ひなまつり」は行なわれている。

もっとも、「噴火口上の舞踏」をやりすぎて、正月の帰省期間を短縮したり、帰省も年始のあいさつもまったく省略して海外旅行に出かけるなどして、自ら生活のリズムと形を乱し、意味を失うようなことをする現代人が増えていることも否めない。「まとまりをもつ文化」を実現するための環境が悪くなってきているのは否定できないが、かといって、各人各様のしっかりした「生活の型（フォルム）」を持つことがまったく不可能となっているわけでもない。ただ、その実現のためには「働き方改革」をはじめとしたさまざまな社会経済改革を行なう必要があるが、その点は次章の課題としよう。

†「地方文化」の再生のために

要するに、柳田が都市文化の弊害を矯（た）めるために不可欠とした「地方文化」の再生は、ある程度までは実体的な「地方」「農村」「田舎」なしでも可能ということだが、他方で、やはり、「地方」「田舎」「農村」が完全に消滅しては、国土保全という点だけからしても困るのである。

「地方」になぜ人が住まないのか、特になぜ若者が住まないのか。理由は簡単である。

その一つは、いうまでもなく、地方にいては豊かな生活ができないからである。現代日本においては、先人たちの多くの努力にもかかわらず、「中農」も「幸福な地方小工業」も十分には育っていない。柳田が切望した農村の活性化は、一〇〇年以上経っても実現していないどころか、ますます後退し、平均年齢が六五歳以上という農業者の現状からもわかるように、「農業消滅」と「地方消滅」の危機さえ叫ばれている。

しかし、この点についてもまったく絶望的というわけではない。政府農政はやっと「守りの農業」から「攻めの農業」に転換しつつあり、農産物輸出も一兆円を超えた。まだまだ微弱ではあるが、「田園回帰」の動きも始まりつつある。

柳田の観点から見て最も悩ましいことは、経済問題と並んで、地方の住人自身が「自尊心」を失いつつあること、「文化の地方自治」への気概を失いつつあることではないだろうか。

筆者自身が北海道という「田舎」出身者なので気楽にいえることだが、また昔と今では随分様子が違っているかもしれないが、少なくとも筆者の子ども時代には、北海道人の「東京コンプレックス」には少なからぬものがあったように思う。多くの北海道人の目は、札幌のような素晴らしい大都会の住人の目ですら、東京に向けられていた。

方言に関するコンプレックスもその一つであり、筆者は、東北文化圏に近い地方都市で青少年期の大半を過ごしたので、大学進学で上京した折には、うっかりすると郷里の方言が口に出てとても恥ずかしい思いをし、必死になって「標準語学」の練習をした思い出がある。こうした方言コンプレックスを持たない地方人は京都人と大阪人ぐらいではないだろうか。

経済がいくら活性化しても、地方人のメンタリティがこのような具合では、「地方再生」はむずかしい。というのも、経済は生き物であり、ある時点である分野で成功してもそれが続く保証はなく、内外での競争によって、ちょっとビジネスに陰りが出れば、また人口流出が起こりそうに思われるからである。

おそらくそうした事態を防ぐには、少しぐらいの収入の減少にもめげず、地元に留まろう、踏ん張ろうとする「郷土精神」あるいは郷土愛が必要だろうが、そうした「愛」をこれからの地方人に期待できるだろうか。だからこそ、柳田は、地方人に誇りを取り戻すべく全国各地の民俗を調査し記録に残そうとしたのだという解釈も可能だろうが、郷土博物館内などを除いて、生きた民俗がほとんど見当たらなくなった今日の日本で、そうした努力は意味のあることだろうか。

しかし、この点についても安易な絶望はタブーとすることにしよう。

第四章 二一世紀の田園都市国家

これまで、大平内閣の田園都市国家構想と柳田国男の国民国家構想あるいは田園都市国家構想を中心に、それらと密接な関連を持つハワードや内務省の田園都市構想も含めて検討してきた。「都市と農村の結婚」「都市に田園のゆとりを、田園に都市の活力を」「鄙の中に都を、都の中に鄙を」などのスローガンや、行き過ぎた産業発展や経済発展によって犠牲にされてきたものの保護と再生という基本姿勢自体に反対な者はほとんどいないだろう。確かに、日本に限らず、近代世界は一八世紀の産業革命以来、あまりにも産業と経済を肥大化させ集権化し、その他諸々のもの（労働者、自然、田園、農業、文化、家庭、コミュニティ、地方など）を犠牲にしてきた。

問題は、その状況を、具体的にどうやってどこまで是正するかという点である。この点で「総論賛成・各論反対」が現れる。

二一世紀の日本の現状を確認しながら、筆者の「各論」を提示し、筆者なりの二一世紀の田園都市国家の見取り図を描いてみよう。

1 穏やかな経済成長

†「ゼロ成長論」への疑問

経済成長の行き過ぎを批判することは経済成長を否定することではない。昨今目立つのは「ゼロ成長論」だが、現実経済の未来に関する客観的考察にせよ、論者本人の主観的願望にせよ、この種の議論は、リカード、ミル、（高度成長達成後の）下村治、津留重人、「くたばれＧＮＰ」など、昔から珍しいものではない。

しかし、こうした議論が個人的見解や趣味の域に留まらず、公共的（パブリック）に語られ始めると、無責任な戯画になることが少なくない。

リカードやミルの定常状態の予測は、第二次、第三次の産業革命によってあっさりと否定されたし、昨今アメリカを中心に流行中の「資本主義の長期停滞論」も、どこまで理論的・実証的根拠があるものか、中国、インド、ベトナムはもちろん、この一〇年間に渡って年平均五％の成長を続けているアフリカ諸国などを思えば疑わしくなる。この種の「予測」は、ここ数カ月や一、二年先に関する短期的予測ではなく、一〇年先を越える長期的予測にならざるをえないが、短期的予測だけでも手に余している経済科学の現状から考えれば、とても「科学」の領域に属する議論ではなく、マルクス主義者やマルクス経済学者がいい募ってきた「資本主義は過剰生産や利潤率の低下によって早晩死滅する、死滅する」という「予測」と同じく、「イデオロギー」の領域に属する議論だと考えるべきだろう。

ここ二〇年間ほどの日本においても、「ゼロ成長」に近い日本経済の現状に力を得てか、地球温暖化への危機意識のためか、さまざまな視点からの「ゼロ成長論」や「脱成長論」が目立つようになってきた（広井良典『定常型社会』、水野和夫『資本主義の終焉と歴史の危機』、佐伯啓思『経済成長主義への訣別』、斎藤幸平『人新世の「資本論」』など）。

これらの議論を評価するには、まず、そこでいわれている「低成長」「ゼロ成長」「脱成長」が、文字通りのGDP〇％成長なのか、一％未満成長をレトリックでそう呼んでいるのか定義をはっきりさせなければならない。さらに、それらが現実経済に関する客観的・科学的予測なのか、主観的にせよイデオロギー的にせよ、なんらかの目的を達成するための「努力目標」なのかもはっきりさせなければならないだろう。

定義がはっきりしたとすれば、その次に来る疑問は、「ゼロ成長」でも「定常型」でも何でもよいのだが、そうした経済状態で、一二〇〇兆円にも上る政府の累積債務をどうやってファイナンスしようとそれらの論者は考えているのかという点だ。毎年一兆円ずつ増えてゆく高齢者関連中心の国家予算支出をどうやって実行してゆくのか、具体的プランがほしいところである。

論者によっては消費税率や累進課税率の引き上げ、富裕税の復活などを考えているようだが、ゼロサム経済における税率の大幅な引き上げは控え目にいって困難であり、強行すれば悲劇的な結果をもたらしがちである。年々増加する富の一部を、たとえば貧者のために政府に供出するならともかく、増加する見込みのない富を供出するのは、エゴイズムにつきまとわれざるをえない人間にとっては大きな苦痛と怒りをもたらす公算が高いからである。税率の引き上げも、なにがしかの成長経済においてこそ容易になる。

あるいは国債のさらなる増発を考えている論者もいるようだが、いくら日本のように自国通貨の増発による国債ファイナンスが可能であり、政府資産が潤沢な国であっても、二、三年間の「ゼロ成長」ならともかく、論者たちが想定しているような「永続的なゼロ成長経済」では、有害なインフレーションは回避できたとしても、やがて国富が底をつき、国債価格が暴落するのは目に見えている。

さらに楽しいことではないが、オリンピックの金メダルやノーベル賞の数ばかりでなく、軍事力と国際政治力もほぼGDPに比例するといわれている現状のなかで、どうやって、たとえば中国やロシアや北朝鮮などの恐るべき軍事力の増強に対応するのかも知りたいところである。すべての国が同時に「ゼロ成長」となるならともかく、日本だけが「ゼロ成長」となり、軍事力が相対的に弱体化するという国際環境のなかで、どうやって日本が生き抜いていくのか知りたいのである。筆者の知る限り、「ゼロ成長論者」で安全保障問題とその財源を真正面から取り上げ議論した者はないように思われる。

彼らの経済成長至上主義批判や金融資本主義批判には賛成するが、というより、筆者自身が同趣旨の批判を行なってきたのだが、以上のような足下の問題に関する解決策が見えてこないのが不満なのである。

†経済成長への途

筆者自身はといえば、それで十分かどうかはわからないが、工夫次第では、もちろんコロナ禍が一段落したらという条件づきのことだが、実質一～二％程度の経済成長が当分の間可能であり目指すべきだとも考えている。

確かに少子高齢化と人口減少はマーケットの拡大と生産的労働供給を抑制するが、吉川洋と八田達夫が述べるように（『「エイジノミクス」で日本は蘇る』）、二〇二一年時点で日本全体の金融資産二〇〇〇兆円弱の実におよそ六八％、一三〇〇兆円強をも保有する六〇歳以上の高齢者の購買意欲を刺激して、ＡＩ搭載の全自動自動車や介護ロボットを販売し、ＩＰＳ細胞を活用した再生医療の恩恵を有料で施すなどすれば、金持ち高齢者とハイテクの組み合わせは奇妙であり、筆者の趣味ではないが、成長の底上げは不可能ではないと考え

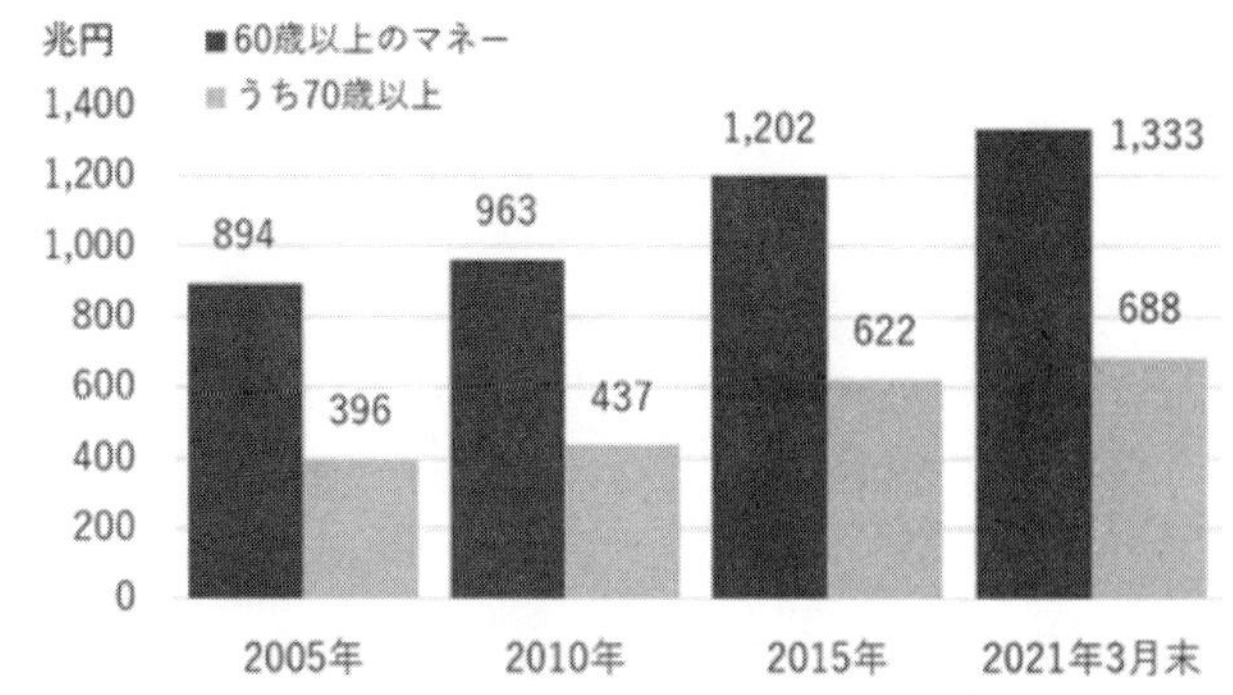

図表8　世帯主60歳以上の家計金融資産残高
（注）日銀、総務省のデータより熊野が作成。
（出所）熊野英生「コロナ禍で膨張する個人マネー〜家計金融資産1,946兆円の構造〜」『Economic Trends』（第一生命経済研究所）2021年6月25日：https://www.dlri.co.jp/report/macro/156381.html

る（図表8）。高齢者は、マクロ的有効需要拡大の起爆剤になりうるのである。

さらに最近政府が打ち出した「グリーン成長戦略」も、再生可能エネルギー、水素発電、電気自動車などの「カーボンフリー」関連の技術革新が成功し、収益を上げることが可能となれば、企業投資を促進して有効需要の拡大に貢献するだろう。もちろん、こうした未来予測も「科学的予測」とはいえず、希望的観測を交えた「憶測」というべきものであることは自覚している。

長期的経済成長率を決定するものが労働力増加率と労働生産性の上昇率だとするマクロ経済学が正しいとすれば、日本経済の成長を制約する主な要因は労働力増加率の低下というより負の増加率、要するに人口（生産年齢人口）減少による人手不足と、労働生産性上昇率の伸び悩みということになる。

だとすれば、まず行なうべきことはＡＩなどを体化した省力化投資であり、これがうまく行けば生産工程が自動化されて、労働需要が抑制されると同時に労働生産性も上がる。いまはやりの「デジタル化」が進展すれば、生産性はさらに向上するだろう。もっとも自動化がむずかしかったり、ＤＸになじまない業種や職種もあるだろうから、労働供給を増やす方策も必要だろう。

そのためには、たとえば高齢者も健康である限り、たとえば七〇歳まで働き、税金を納め、年金支給時期をそこまで繰り上げれば、人手不足緩和と財政赤字抑制の両方に資することになる。この点でも、高齢者は、国の足手まといでなく、国の発展に貢献できる。もちろん待機児童問題を解消し、「働き方改革」を実行し、無用な残業を削減して、女性も男性も欧米並みに夕方帰宅できるような環境整備をした上で、女性労働力を積極的に活用することも不可欠である。外国人労働者も、法制上の不備を是正するなどしながら徐々に受け入れ数を増やしていったらよい。

低賃金で働く外国人労働者が増えれば、日本人労働者の賃金を引き下げることになると懸念する人もいるが、受け入れ数を合理的な範囲に留めながら、「ＡＩ化」や「デジタル化」などの技術革新によって日本経済全体の労働生産性を引き上げていけば、賃金水準の低下を心配する必要はない。

それでは「噴火口上の舞踏」を促進するだけだという批判もありうるが、高度成長期の一〇%はもちろん、柳田が「地方文化建設の序説」を書いていた頃（戦前昭和期）の成長率四〜五%に比べても、最大二%は穏やかな成長であり、「舞踏」の病理をそれほど気にする必要はない。

ドイツなどのヨーロッパ諸国の例などを見る限り、穏やかな経済成長とゆとりある生活を両立させることが不可能とは思われない。長時間労働を規制しつつ生産性を落とさない仕事や生活の工夫は色々あるはずだ。残業なしの「働き方改革」によって国際競争力を維持・向上させる方策はあるはずだ。

改革に当たって、これまでのやり方のすべてを変える必要はない。抜本的に変える必要があるという意見があることも承知しているが、たとえば、長期雇用などからなる日本的経営を欧米流の経営方式に抜本改正する必要はないし、してはならなくもあると筆者は考える。正社員の長期雇用が、彼らの生活を安定させるだけでなく、OJT（仕事をしながらの技能訓練）の実践を通して、日本企業の国際競争力の維持・向上に役立つ側面、役立つ産業や業務がある以上、そのすべてを廃止するのは馬鹿げている。

もちろん、中高年者についてはOJTの効果が薄れる、正社員の長期雇用が派遣社員の低待遇の一因となるなどの日本的経営の限界や欠陥もあるから、そうした側面についてはの改革を行なわなければならない。
中高年者の再教育、正社員の雇用増、派遣社員の技能向上のためのシステムをつくるなどの改革を行なわなければならない。

これらの改革——保守的経済改革——を着実に実行し、さらに現在その多くが海外に投資されていると思われる大企業の内部留保を国内投資に振り向けさせる環境を整えて、穏やかな経済成長を持続していけば、長らく低迷していた実質賃金率もやがて上昇し始めることだろう。

要するに、これまでのやり方のよい面を残しつつ自信を持って、あわてふためくことなく、わるい面に関しては、知恵を出し合って必要な改革を断行し、「経済成長至上主義」に陥らないで、落ち着いて経済成長すればよいのである。

2 家庭、地域コミュニティ、自然への配慮

†家庭と地域コミュニティの回復

こうして実現する穏やかな経済成長によって現在の豊かさと国力を維持しながら、やは

り、過去の経済成長によって痛めつけられたものの積極的な回復を図るべきだろう。この原則という点では、筆者の田園都市国家構想は、大平などの構想と変わらない。

父も母も仕事に追いまくられていることを口実にして、子供の朝食はおろか夕食もつくってやらないなどはけしからんことであり、きちんとつくって、可能な限り一家団欒の食事をとるべきだろう。昔ならいざ知らず、高学歴になった今の父や母が、子供を塾にやらずに、勉強を見てやることができないとは思われず、保護者の会には、欧米並みに父親もきちんと出るべきである。認知症にかかった老親の面倒を見るのはやはりあまりにも負担が大きいというなら、介護施設に入れざるをえないが、週に一度は面会に行って、親が若かった時に好きだった歌を一緒に口ずさんであげたらよい。

地域コミュニティ、たとえば自治会の会合や仕事には煩わしい面があるが、ゴミの収集や環境美化などにそれが目に見えない形で貢献し、住民が恩恵を受けていることを忘れてはならない。PTAとなれば、親と教師が一緒に学校教育に貢献するというのが建前である以上、「仕事があるから、忙しいから」といって、役員を拒否するなどもってのほかである。そうして教育への参加と助力を拒否するから、本来家庭や地域が引き受けるべき仕事、たとえばスポーツの修練を「部活」に押し付けるから、教師が過労死するのだ。子育てや高齢者の世話の一部は、本来は、地域コミュニティの役割の一つでもある。

地域コミュニティの再生は、阪神淡路大震災や東日本大震災などの際に実証されたように、防犯・防災にも貢献する。消防車や救急車やパトカーが来るよりも、隣人がスコップで埋められた被災者を掘り出す方が速いのに決まっている。

†「よい自然」と「わるい自然」

人間生活に貢献する自然、「太陽と水と緑」も再生あるいは維持しなければならない。先人たちの努力によって、かつてのような公害問題は目立たなくなったが、生活・産業廃棄物、特に最近ではプラスティックゴミの廃棄問題は、日本というより世界全体に緊急の対策を迫っているし、東京湾の水質汚染は、オリンピック・パラリンピック以前から深刻な問題だった。東京や大阪の緑化は若干前進した面もあるとはいえ、「逝きし世の面影」と裏腹に、ロンドンやニューヨークなどと比べると大きく立ち遅れており、我が国の大都市はいまなお「都会砂漠」の印象を拭い切れない。コロナウイルスなどの感染症の頻発が、人間の野放図な自然破壊を一因としているという見解もあるのである。他方、地方の都市と農村はといえば、自然こそ大都会より豊富とはいえ、人影まばらな景観は寂しく、自然も含めて荒れた印象を受けるというのが現状である。

そしてもちろん、いまや人類的課題となった地球温暖化問題は、世界各地の異常気象などの形をとって解決を迫っている。その原因が人間の産業活動、特に化石燃料使用によるCO_2の大量発生だけかという点については専門家の間にも異論があり、問題の根本には人間の産業活動というより、もうじき世界人口百億人にも達するといわれる「人口爆発」があると思われるとはいえ、グレタ・トゥーンベリの国連スピーチ＝告発を待つまでもなく、地球生態系のホメオスタシスを正常化するための何らかのアクション、「環境ファシズム」にも「環境社会主義」にも偏らないアクションが必要であることは否定できない。林業の衰退による日本の森林の荒廃や乱開発などを背景としたアマゾン熱帯雨林の大火災なども気になるところである。

　かつて「山紫水明」「大和し美わし」と詠われ、幕末日本を訪れた西洋人を感嘆させた田園都市の伝統を誇る我が国が、いまこそ世界の先頭に立って、石炭火力発電などにはできるだけ早く見切りをつけ、再生エネルギー技術を含む「地球にやさしい」先端技術を開発するなどして、日本と世界の「太陽と水と緑」の蘇生と維持に乗り出す時が来たといってもよいだろう。田園都市国家構想は「田園都市世界構想」でもありうる。

　しかしながら、われわれ人間は自然に「やさしく」ばかりはしていられない。正確にいえば、人間にとって「よい自然」に対しては「やさしく」しうるし、しなければならないが、人間にとって「わるい自然」、凶暴にもなりうる自然とは戦わなければならないし、戦わざるをえないのである。「よい自然」は手厚く保護し、「わるい自然」、たとえば生活ばかりでなく医療行為の妨げともなるエネルギー不足やエネルギー価格（電気料金）の高騰とは、場合によっては原発を使っても、断固として戦い勝利する――これはもちろん人間の身勝手なのだが、それ以外の選択肢はない。そもそも毎日の食卓に載る食事自体が、たとえば豚の、たとえば牛の屠殺を前提しており、「人間と自然の共生」の根底には、両者の間の克服不可能な緊張が存在する。

福田恒存のいう「自然の教育」とはこういうところにも表れてくる。自分の生は他の生命の殺戮、死の上に成り立っている。それは自然生態系に生きる者の宿命なのであり、われわれは、どれほど善人を装っても、エコロジスト然と振舞おうとも、生きるためには喰わなければならず、喰うためには殺さなければならない。そのこと、その原罪を鋭く重く自覚するからこそ、無用な殺生を避けようとするのだ。殺さなければならないから、殺すまいとするのである。

われわれの配慮の対象が、場合によっては、「保護」や「世話」ばかりでなく、「心配」「懸念」「恐怖」の対象にもなりうることを忘れないことにしよう。自然も家族も地域コミュニティも「恐怖」の対象となりうるのであり、「恐怖」を自覚した「世話」こそが、本物の「世話」なのである。

3 「地方消滅」と人口減少の危機への対応

†「増田レポート」の衝撃

「中央」と「地方」、あるいは東京一極集中——東京都、埼玉県、千葉県、神奈川県からなる東京圏への人口や経済力などの集中——の問題は別に考えなければならない。家族、地域、自然が回復しても、それが大都会や東京圏だけのことなら、日本という国家の回復にはつながらないからである。

地方が明治以来の経済成長、特に戦後の高度成長の過程で疲弊し弱体化し、それが、柳田や大平内閣をはじめとする地方再生策を要請してきたことはすでに述べた通りだが、柳田や大平の頃は、今から見ればまだ「牧歌的な問題」に留まっていたといってよい。それというのも、彼らの時代は、総人口が増加しつつあるなかでの一極集中であり、地方の人口減少は相対的比率における減少でありえたからである。

しかし、日本は、二〇〇八年の一億三〇〇〇万人弱をピークに、近代史上はじめての人口減少局面に転じた。しかも、総人口が減少するなかで、東京一極集中だけが止まらない。

となれば、地方の人口が絶対的に減少していくのは当然である。

この傾向は、当然、安倍政権をはじめ多くの人々の関心と懸念の対象となったが、そのなかでも特に、増田寛也を座長とした日本創成会議人口減少問題検討分科会が二〇一四年に『中央公論』に発表したいくつかの研究報告（いわゆる「増田レポート」）とそれらに基づいて書かれた『地方消滅』は、全国八九六に上る地方自治体が数十年後には「消滅」する危機にあるというメッセージなどによって、各界に衝撃を与え激しい論議を呼んだ。

増田らの議論の要点は単純である。すなわち、このまま東京圏への人口流入、特に地方の女性の東京圏流入が続けば、地方で生まれる子どもの数が減少し、地方人口がさらに減少するのはもちろん、晩婚化や待機児童問題などで、東京都の出生率は全国最低なのだから、日本全体の出生率はさらに低下し、総人口の減少にさらに拍車がかかる。特に若者や壮年層の流出が激しい各地方では高齢者が多数を占め、経済の停滞と相まって、税収が上がらなくなり、市民病院や警察や消防署や水道事業などの最も基本的な社会的インフラストラクチャーの維持さえやがてできなくなる。

こうした危機的状況をしのぐためには、思い切った「選択と集中」、すなわち、残すべき自治体を選別した上で、そこに行政機能を集中する、つまり地方自治体の行政的整理統合が不可欠となる。無論、それと同時に、東京一極集中自体にも歯止めをかけなければならないが、そのためには、日本各地に「地方中核都市」という「ダム」をつくり、地方人口をそこでせき止めることが必要である。

増田らの「地方消滅」は「地方自治体の消滅」であって、「地方社会の消滅」ではない。病院の整理統合などが行なわれれば、高齢者の通院が遠く不便になるなどの住民サービスの低下などが生じうるが、高齢者や集落自体がなくなるわけではない。このまま事態を放置して、かつての夕張市のように、自治体財政が破綻し、住民サービスがなくなるよりましだという考え方もありうるだろう。

しかし整理統合される自治体側から見れば、増田らの「選択と集中」戦略は、かつての国鉄民営化や郵便事業民営化の際のローカル線や僻地(へきち)切捨て問題と同様に、「地方切り捨て」の印象を免れない。

†「地方再生」への取り組み

実際、増田レポートの公刊と同時に、「消滅可能性自治体」関係者だけでなく、少なからぬ研究者から激しい批判が提出されることになった(小田切徳美『農山村は消滅しない』、山下佑介『地方消滅の罠』など)。

彼らの議論の内容は、増田レポートの統計の不備の指摘など多岐にわたるが、共通しているのは、増田レポートが財政赤字削減の観点や、都市の規模の経済や集積の利益を活用した経済成長を是とする、時に「アベノミクス」や「新自由主義」とも呼ばれる観点に立って、地方や農村生活を切り捨て犠牲にしようとしていることを批判し、他方で、最近の若者に若干見られる「田園回帰」（Iターン、Uターン）や地方活性化の特色ある試みに「地方再生」の兆しと手がかりを見出そうという姿勢である。

筆者は、これらの批判に少なからず啓発された。というより、小田切の「成長追求型都市社会」に対する「脱成長型都市・農村共生的社会」や、山下の多様な人々の「支え合い」を基調とした「多様性の共生」戦略の理念は、大平の田園都市国家構想の理念の重要な一部でもあるのだ。実際、彼らの理想通りか否かはわからないが、地方活性化の実績を上げている自治体もある。

たとえば徳島県の上勝町（うえかつ）では、一九八六年に横石知二と四人の主婦によって始められた「いろどり事業」が光を放っている。同事業では、上勝町の山や、農家の敷地や畑に植えられた木の葉や枝花を採取して、日本料理を彩る「つまもの」をパックして、全国の料亭に販売して業績を上げている。二〇一六年現在では、横石が代表を務める第三セクター「株式会社いろどり」の参加者は一八〇人、平均年齢は七三歳、参加者の大半は農家の主婦であり、一人当たりの平均年収は一六三万円、夫婦で参加すれば三〇〇万円以上の実績を上げることが可能であり、同事業開始以前の農家一戸当たりの年収が三〇万円前後であったことを思えば、大成功の部類に入るといってよい（藤田・浜口・亀山『復興の空間経済学』八九〜九〇頁）。

さらに「ないものはない」というフレーズで知られる島根県海士町では、町役場と事業者が設立した第三セクターが新しく冷凍設備を整備し、これを基礎として、同町の特産物としての岩ガキをブランド化するというビジネス戦略に成功し、東京から人を招いて始めた教育プログラム「魅力化プロジェクト」によって、島の若者流出を防ぐだけでなく、島外の若者の「島留学」を促進して、人口の減少に歯止めをかけている。同島には、島外からの若者の移住・田園回帰（Iターン）も少なくない（同上書、二一五〜二一六頁）。

田園回帰といえば、藤山浩の『田園回帰1％戦略』のユニークな議論にも触れておこう。藤山は、全国各地での田園回帰や地方再生の取り組みの実態調査に基づいて、まだ数は少ないとはいえ、若者を中心とする人々の田舎への移住の傾向が始まっており、各自治体の現人口の一％ほどの田園回帰が進めば、高齢者の死亡などによる自然減を差し引いても、それら自治体の人口減に歯止めがかかることも可能だという試算を示している。

しかし、マクロでいえば東京圏への人口流入が止まらず（図表11、後出、二〇四頁）、ミクロでいえば上勝町の人口減少が止まっていないことや海士町の人口の回復が伸び悩んでいい

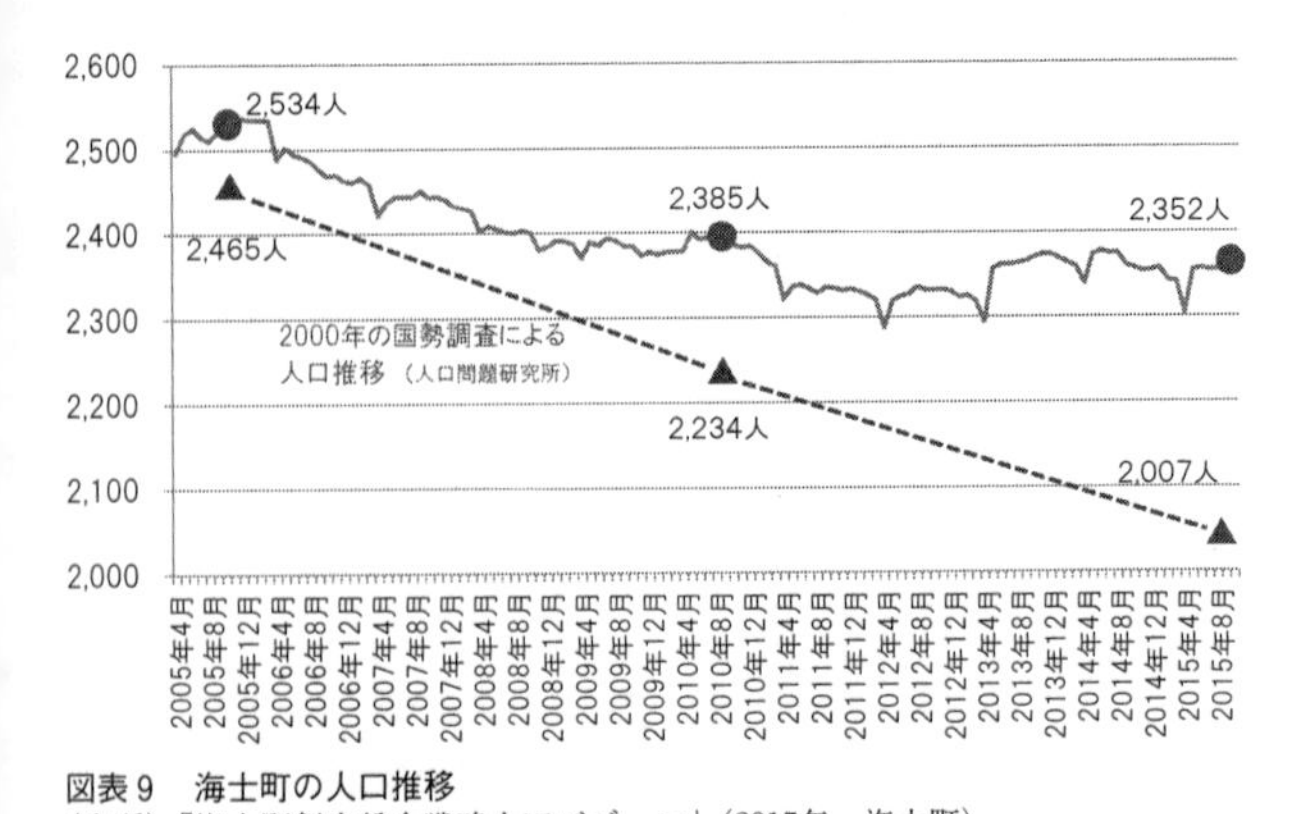

図表9　海士町の人口推移
（出所）「海士町創生総合戦略人口ビジョン」（2015年、海士町）
：http://www.town.ama.shimane.jp/topics/pdf/amaChallengePlan2015.pdf

ることからもうかがわれるように、こうした成功事例に過度の期待をかけるのは危険だろう。全国各地の「限界集落」のすべてに一％の人口増があると考えるのは、条件に恵まれ「限界集落」に限りがあることを思えば無理であり、「田園回帰1％戦略」に成功する集落には限りがあると考えるのが理にかなっている。補章で述べるように、コロナ禍と「デジタル化」が地方分散化を促進するという議論もあるが、その趨勢に過度の期待をかけることにも筆者は懐疑的である。

地方活性化の取り組みに水を差そうというのではない。筆者はこれらの取り組みに強く共感するが、現実は冷静に確認しておかなければならない。図表9は、海士町の取り組みの出発点の一つとなった「魅力化プロジェクト」開始時点の二〇〇五年から二〇一五年までの人口の推移を示したものだが、同町の取組みを考慮に入れていない人口問題研究所の予想（点線部分）より、現実の人口（その上の実線部分）はかなり水準を回復しており、取組みの効果を実証している。が、その回復は、見通しうる将来に渡って、おそらく二〇〇五年の二五〇〇人強を上回ることはないだろう。

†行政的施策としての「選択と集中」

柳田も、地方と農村の衰退を防ぐためには、都会人の「帰去来の感」を利用して、「田舎の生産力を養うために新土着者を迎える策」（『時代ト農政』六五頁）を講じ、「勤倹の有難味を教えて新来の土着者をあべこべに感化せしむ」ことが必要だと考えた。すなわち、都会から出て田園回帰してくる人々の「新資本・新頭脳の輸入」（六七頁）によって地方の農業や産業を活性化すると同時に、彼ら回帰者に、「噴火口上の舞踏」に興ずることの愚かさを教えて、現代都市消費文化とは違う質実剛健な地方文化があることに目覚めさせることが必要だと考えたのだが、それをいまの日本で実現することが可能かどうか。

さらにいえば、増田レポートにもいい分がないわけではない。

まず同レポートが財政赤字削減という行政的観点に立っているのは立場上当然だが、国と地方を合わせて一三〇〇兆円弱という、先進国のなかでも飛びぬけて膨大な累積的財政赤字の最大費目が、高齢者向けを中心とした社会保障費、過去の国債発行の償還費に続いて地方交付税、全国各地の自治体の赤字の塡補などであり、その国と地方の赤字が日本経済に日本国家に重くのしかかり、しかも、野党を先頭に消費税や所得税の引き上げに反対の者が多数を占めるという現状では、増田レポートの「選択と集中」もある程度はやむをえないことではないかというのが筆者の考えである。

一部の野党がいうように、赤字解消の財源は「防衛費と大企業」からとればよいというほど、現実は甘くない。隣国を始め世界各国が軍事増強を進めるなかで我が国だけが防衛費を据え置くだけでも、安全保障上のリスクが高まる。また法人税を引き上げて大企業から「カネをとろう」とすれば、企業の国外逃避や国際競争力の低下などを通じて、経済成長は一層鈍化し、赤字がむしろ増える可能性がある。富裕層の富の蓄積に貢献している、たとえば低率の株式譲渡所得への分離課税などはもう少し引き上げられないかとも思うが、大幅な引き上げはやり資本の国外逃避や株価の低迷を招くことになって所期の目的を達成するのはむずかしいだろう。「財源」といえば、筆者は、むしろ年金支給時期の繰り上げや医療介護費の自己負担比率の引き上げなどを通じて、富裕な高齢者層から「カネをとる」方が正道であり賢明であるかもしれないと考えるが、なぜか、増田レポート批判者からは、こうした「財政赤字＝財源問題」が具体的に提起され議論されることがない。

都市の規模の経済や集積の利益を活用した経済成長の促進が、結果として、地方や田園の消滅を促進することになるという批判についても、一国の経済成長が回り回って、地方の活性化につながる面もあることを思えば、それをあながち全面否定するわけにはいかない。都市へ人口が集中するのは、田舎にいては仕事にありつけないからであって、都市や経済成長を非難する前に、地元にいても生活ができる状況を具体的につくり出す方策が考えられなければならない。上勝町や海士町の試みは成功例だが、たぶんそれを上回る失敗例もあるに違いない以上、批判は自らにも跳ね返ってくることを覚悟しなければならない。これも楽しいことではないが、あれほどのリスクのある原発を地元が必死になってかつて誘致したのも、ほかに生活のための代替案がなかったからではないのか。

さらに「地方消滅」批判論者に対する不満をいえば、彼らが語る「地方」や「田園」が――これは、藻谷浩介ら(『里山資本主義』)の魅力的な言葉「里山」にも感ずることだが――半ば「ユートピア」のように語られているように見える点も気にかかる点である。批判の相手を「ディスユートピア」として戯画化し欠点を極大化する一方で、自らが肯定する社会状態を「ユートピア」のように描く手法は、マルクス主義者による資本主義社会批判と共産主義社会(斎藤幸平の魅力的な言葉を借りれば「脱成長コモン」)礼賛と同様、よく見かける手法だが、生産的な、真実の意味での「対話」とはいえない。「地方」や「田園」

にはすばらしい面があると同時に、野生動物による被害があったり無医村だったりするなど、きびしく人を憂鬱にする面もあることは、柳田を持ち出すまでもなく、当然のことだろう。貧しくとも、ともにケアして苦楽を分かち合う共同体があればよいなと思うのは、彼ら、およびかつての社会主義者や共産主義者と同じだが、そうはいかないのが現実だろうと田舎出身の筆者などは思うのである。

†東京一極集中からの反転攻勢

増田レポートに対する筆者自身の疑問は、むしろ、「地方中核都市」や「コンパクトシティ」などの提案が、細部の違いはあれ、これまで何度も構想され、かつほとんど失敗に終わった点をどう考えるのかという点に関する議論が見られない点にある。地方に分権的な経済圏をつくるというのは柳田の中農養成策にすでに見られるし、大平の田園都市国家構想においても、すでに詳しく紹介したように、「三大都市圏」「ブロック中枢都市」「広域中核都市」「地域中核都市」などからなる「多極重層構造」計画として示された。類似の計画は田中の日本列島改造論など他の国土計画でも、これまで繰り返し示されてきた。実際、増田らが人口減少からの反転攻勢に出るために提出した「防衛・反転線の構築」の図をよく見ると、それが田園都市国家構想の「多極重層構造」に酷似していることがわかるだろう。ただし図表10では、下部の地域が上部の地域を束ねながら支える幹の役割を果たすという期待が表現され、特に、広域ブロックごとに存在する「地方中核都市」の役割が線で囲んで強調されている（原図には、東京一極集中の極限としての「極点社会」へのルートを示す矢印も書き入れてあるが省略した）。

しかし、それらの多くは、東京一極集中の是正という点では失敗してきた。ましてや二一世紀日本においては、総人口の減少という以前の諸計画よりはるかに厳しい環境の下で行なわれなければならない。増田らは日本列島改造論や田園都市国家構想の失敗を厳しく指摘しているが（三九〜四〇頁）、それに代わって提出されたはずの一極集中是正策の成算が見えてこないのである。

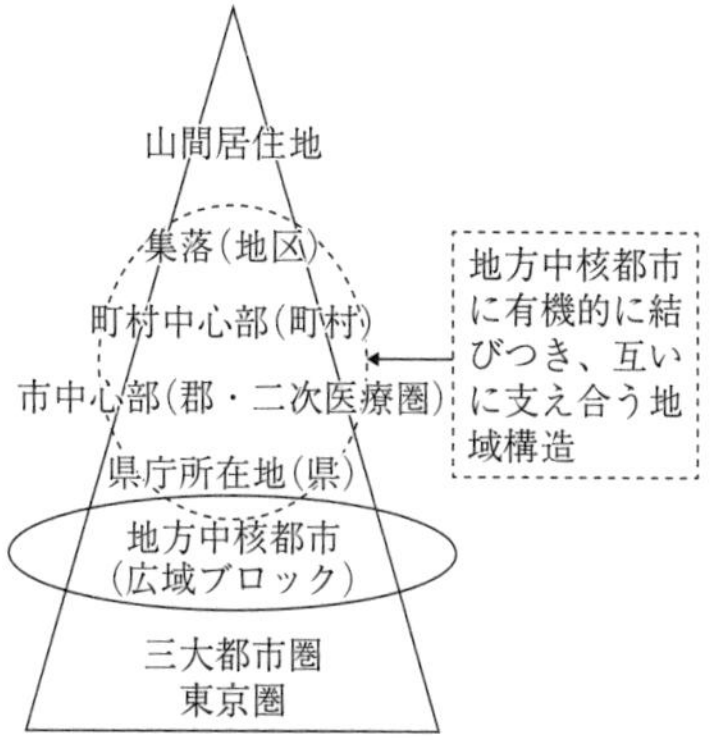

たしかに『地方消滅』には、「地方中核都市に再生産能力があれば人と仕事が集まってくる。東京圏に比べて住環境や子育て環境も恵まれているから、若者世代の定住が進み、出生率も上がっていくだろう」（五〇頁）と書かれているが、地方中

図表10　防衛・反転線の構築
（出所）『地方消滅』p.48、図3-1

核都市に「再生産能力」をどうやってつけるか具体的には何も書かれていない。地方経済活性化の手段の一つとして、農林水産業の輸出産業化や外国人観光客の一層の誘致などを考えているようだが、まだ思い付きの段階に留まっている。地方中核都市、たとえば札幌や仙台や金沢などの地方都市はこれまでもあったのだから、「再生産能力」の増強がそれほど困難なものでないならば、すでにそれらの「ダム機能」が働いて、東京一極集中に歯止めがかかっていてもよさそうなものではないか。

さらに地方中核都市の可能性、具体的にはその候補の都市の出生率が高いかどうかについても疑問がある。『地方消滅』自身が書いているように、たとえば札幌の二〇一一年の出生率は一・〇九であり、都道府県および政令指定都市で見ると東京都（一・〇六）に次いで二番目に低い（一一二頁）。

「地方中核都市」や「田園回帰」や「多様性の共生」の努力が無用無益というのではなく、都会人の「帰去来の感」を促進してヒト、モノ、カネ、知識、技術など都市の活力を田園に呼び込み、地方に産業を興し、地方人の就業機会を増やすという努力を行ないつつも、それらに多大な期待をかけず、「地方消滅」の危機の到来のテンポを緩める、マイナスをマイナスする程度に考えておいた方が現実的だろうというのである。

もちろん「地方再生」や「地方創生」のテンポの遅さにしびれを切らして、日本列島改造論よろしく、全国に新幹線網を張り巡らせ、大規模な土木事業を実行しようとするなどは、自然災害対策に関する場合などは別として、愚の骨頂というべきであろう。そうすることは、ただでさえ膨大な財政赤字をさらに膨らませたり「狂乱物価」を招くばかりでなく、「ストロー現象」を強化して、一層の東京一極集中と地方の過疎化をもたらすことになりかねない。人口減少時代における「地方創生」は、やはりマイナスをマイナスにするぐらいに考えておくべきなのだ。

こうして「地方消滅」の到来の時期を遅らせ、「時間稼ぎ」をしながら、テンポを緩めながらもおそらく当分は止まりそうもない東京一極集中の流れをやむをえざる前提として、その東京をはじめとする大都市の真ん中に、「太陽と水と緑」などとともに農村起源の伝統行事などの「まとまりをもつ文化」が可能とする「ゆとり」を導入する、より具体的には、ヨーロッパ並みの労働時間への「働き方改革」や余暇の拡大を実現する――これが、二一世紀日本において「鄙の中に都を、都の中に鄙を」「都市に田園のゆとりを、田園に都市の活力を」「都市と田園の結婚」という理念を実現するための現実味のある田園都市国家構想なのだと思われる。

（%）

ブロック	平成27年（2015）	平成32年（2020）	平成37年（2025）	平成42年（2030）	平成47年（2035）	平成52年（2040）	平成57年（2045）
北海道	4.2	4.2	4.1	4.0	3.9	3.9	3.8
東北	7.1	6.9	6.7	6.5	6.3	6.1	5.8
関東	33.8	34.4	34.9	35.4	35.8	36.4	36.9
北関東	5.4	5.3	5.3	5.2	5.2	5.1	5.0
南関東	28.4	29.0	29.6	30.1	30.7	31.3	31.9
中部	16.9	16.8	16.8	16.7	16.7	16.7	16.6
近畿	17.7	17.7	17.6	17.5	17.4	17.3	17.3
中国	5.9	5.8	5.8	5.7	5.7	5.7	5.7
四国	3.0	3.0	2.9	2.8	2.8	2.7	2.7
九州・沖縄	11.4	11.3	11.3	11.3	11.3	11.3	11.3

地域区分
北海道：北海道　　東北：青森県、岩手県、宮城県、秋田県、山形県、福島県
北関東：茨城県、栃木県、群馬県　　南関東：埼玉県、千葉県、東京都、神奈川県
中部：新潟県、富山県、石川県、福井県、山梨県、長野県、岐阜県、静岡県、愛知県
近畿：三重県、滋賀県、京都府、大阪府、兵庫県、奈良県、和歌山県
中国：鳥取県、島根県、岡山県、広島県、山口県
四国：徳島県、香川県、愛媛県、高知県
九州・沖縄：福岡県、佐賀県、長崎県、熊本県、大分県、宮崎県、鹿児島県、沖縄県

図表11　全国の総人口に対する各地域ブロック人口比率の予測
（出所）国立社会保障・人口問題研究所
「日本の地域別将来推計人口（平成30［2018］年推計）2018年：https://www.ipss.go.jp/pp-shicyoson/j/shieyoson18/1kouhyo/gaiyo.pdf

†絶望の必要はない

実際、図表11が示すように、あと二〇年ほどの間は、東京一極集中と地方の「過疎化」という状況には変わりがないと考えた方がよさそうであり、それを前提とした上で、東京都をはじめとする大都会のなかに「田園のゆとり」と田園起源の文化を導入・復活させる方が賢明だと思われるのである。なお図中の「南関東」が東京圏に一致することに注意したい。

要するに、あまり多くを望んではいけないが、見込みが少ないからといって絶望する必要もないのである。

日本全体の出生率向上という点につ

いて付け加えれば、フランスのような成功例がある以上、敗北主義は無用であり、男性の産休や育児休暇の促進や子ども手当の大幅増などの政策を断固として実現すべきだろう。そのためには、職場での働き方改革と並んで、男も家事や育児に積極的に関わるのが当然という意識改革や生活改革が不可欠だ。さらに子ども手当の財源が問題となるというなら、繰り返しになるが、高齢者にあまりに偏りすぎた国家予算の一部を子育て、女性、派遣労働者向けに振り向けるべきだろう。これらの点は『地方消滅』(第四章)でも強調されており、筆者もその趣旨に賛成する。

『地方消滅』についてのコメントを追加すれば——これはないものねだりになるが——、同書の地方活性策が人口減少問題の解決のみに向けられ、家庭や地域コミュニティや自然環境の問題の取り扱いが手薄なのも気になる点である。大平が強く意識していたように、田園都市国家は、人口減対策のためだけにあるのではない。もちろん人口が急減して国が滅んでしまっては元も子もないが、田園都市国家は、たとえば家庭基盤や地域コミュニティを充実させ、身体的にも道徳的にも立派な日本人を育て教育するためにも必要とされる。さらに、自然の脅威から身を守りつつ、自然を保全し耕し、「自然の教育」を受けるためにも必要とされるのである。

都市や田園の「新来の土着者」のなかには、これからは外国人も含まれると考えなければばならないことも付け加えておこう。外国人を「労働力」としてではなく「人間」として受け入れるためには、温泉や銭湯の入れ墨禁止などや、音を立てて麺類をすることを「粋」とするなどの文化や慣行の見直しなど、われわれ日本人全体の意識や生活態度の改革も必要となる。もちろん、それはお互い様であり、日本の古きよき文化的伝統を彼らに知らせることも必要だが、そのプロセスは喜びと同時に苦痛も伴うと覚悟すべきだろう。「多様性の共生」は簡単ではない。

4 AIとITに負けない田園都市国家

†AIの進化と限界

「新来の土着者」のなかにはAIなども含められるかもしれない。二一世紀の日本と世界はAIとITを核とした「Society 5.0」（超スマート社会）に突入しつつあるのだ。

政府肝入りの「Society 5.0」への不満はすでに書いたが、いくら不満といっても、個人も国もそれから逃れ切ることはできない。その核心技術であるAIに関していえば、AI研究を禁じたり、一九世紀イギリスのラッダイト運動よろしく、AIを破壊するのは賢明でも実行可能なことでもない。問題はその、いわば「宿命」をどう背負うのかということである。

携帯電話すらもてあましている筆者には当然のことかもしれないが、AIにはどことなく、不思議さを越えた不気味さを感じるところがある。いつかプロ棋士に勝ったAIのプログラムを作成した科学者の話を聞いたことがあるが、人間の記憶と処理能力を越えた膨大な数の過去の指し手を「ディープラーニング」したAIが、プロ棋士の思い付かない指し手を指して勝利することは理解できても、AIがなぜその手を指したのかは、プログラムの生みの親である科学者自身にもわからないのだという。結果は正しいとしても、なぜその結果に辿りついたか人間にはわからないとすれば、それは「神の御宣託」と変わらないものとなるのではないか。

もちろん現時点ではAIの性能が限られているが、AIがどんどん自己学習を続け、自己をより優れたものに進化させてゆけば、やがてあらゆる意味で人間の能力を上回る「神」のようなAIが生まれる事態、R・カーツワイルがいうところのシンギュラリティ（singularity、特異点）」が訪れる（『ポストヒューマン誕生』）。カーツワイルはその「神」を救世主のように描いているが、S・ホーキング博士は、逆に、「神としてのAI」が人間を支配し滅ぼすことも起こりうると警告している（『ビッグ・クエスチョン』）。

幸いなことに、ＡＩの性能の未来に関しては専門家の間でも意見が分かれており、たとえば西垣通『ＡＩ原論』は、どこまで進化してもＡＩは所詮機械にすぎず、人間をあらゆる面で追い抜くことなどありえない、ＡＩを「神」あるいは「悪魔」のように考えるなどというのは、西洋の一神教の伝統に基づく迷信なのだと断言している。

新井紀子『ＡＩ vs.教科書が読めない子どもたち』も、シンギュラリティなどありえない、ＡＩが最も不得意とするのは文章の意味を読みとることであり、人間が優位性を最後まで保てるのはそうした分野なのだが、残念なことに、最近の子供たちはゲームやネットにはまりすぎているせいか、その肝心の読解力が落ちているといっている。

どちらの議論が正しいか筆者には決めかねるが、希望的観測を交えていえば、西垣や新井の見解をとりたいと思う。人間の認知や思考能力が、言葉やプログラムによってはすべてを決して表現できない暗黙知をベースにして成り立っていることを思えば、それら人間能力のすべてがＡＩによって置き換えられ凌駕されるとはとても思えないからである。

高速度の計算や膨大な量のデータの記憶はＡＩに任せざるをえないが、それをうまく人間が使えばよい。この場合特に重要なのは、ＡＩ利用に際しての倫理的判断であり、この点は人間がしっかり握っていなければならない。そして、この倫理的判断の基準は、人間社会が過去から伝えてきた文化的伝統を新しい状況のなかで仕立て直した「常識（common sense)」に基づいているといえるが、この「常識」ほどＡＩの苦手なものはないのではないか。

それというのも「常識」とは、人間が実際の生活を生きることを通して、身をもって、時には痛い思いをして、なんとなく暗黙のうちに習得するほかない知識だからだ。ＡＩがいくら進化しても、この常識的な倫理基準を自ら習得するとは思えない。ＡＩもある種の倫理的判断を下しうるかもしれないが、それが人間世界の常識に完全に合致する保証はないし、場合によっては殺人を「善」と判断することもありうる。だから倫理的判断だけはＡＩに渡さず、人間サイドに死守したいものである。

こうした前提があれば、もちろん不正使用やハッキングやＩＴ依存症などのリスクを最小化する対策をとってのことだが、われわれはＡＩを恐れる必要はなく、その「主人」としてそれを使役し、生活向上のために大いに活用すればよい。「スマートシティ」で利用可能となるとされるＡＩを搭載した介護ロボットや自動運転車は高齢者や障害者にとっての福音となりうる。

†ＡＩ・ＩＴとともに生きる

議論をＡＩからＩＴやＩｏＴに広げて、最近世界的ベストセラーとなったＳ・ズボフの

『監視資本主義』にも触れておこう。

ITなどを駆使したGAFA（グーグル、アップル、フェイスブック、アマゾン）などの巨大IT企業が、閲覧履歴、購買履歴などの個人情報を、当人が知らぬ間に収集・集積・解析し、顕在的・潜在的嗜好を掌握し、「ターゲッティング広告」を配信するなどして巨額の独占利潤を獲得しつつ、個人の行動を完全にコントロールしてしまうという本書が描く近未来像は気持ちのよいものではない。『監視資本主義』は「超スマート社会」の負の側面に対する優れた分析と警告となっている。

しかし、この場合も敗北主義は禁物である。個人の嗜好――経済学の言葉でいえば効用関数――がズボフや正統的経済学者が考えるほど安定的でなく、その時々の状況に応じて気まぐれに変化し、掌握しコントロールすることがむずかしい面があることや、「ビッグデータ」による解析と予測にも限界があることはさておき、巨大企業による個人情報利用には、EUが行なったような法的規制などの対抗措置が可能だからである。

この場合もわれわれは、AIやITを万能視するあまり恐怖するのではなく、冷静にそれらの限界を見きわめつつ、デメリットを排してメリットを活用する方策を模索すべきであろう。

これまでもたびたび述べてきたように、「超スマート社会」や「デジタル国家」は筆者の好みではない。そこには「社会」や「人間」が欠けており、「カーボンニュートラル社会」も、それだけではあまりに殺伐としている。人間は「脱炭素」のためにだけ生きるのではなく、たまには思いっきりガソリン車のエンジンを吹かしてみたくもなるだろう。「カーボンニュートラル社会」は、こうした人間の欲望や自由を許容しうるだろうか。

しかし、「人間の住む超スマート・デジタルカーボン・ニュートラル社会」、「AIとITに負けない二一世紀の田園都市国家」をつくろうと思えばできないわけでもないと筆者は考える。

朝の九時から夕方五時まで工場やオフィスでAIやITとともにきちんと仕事をして、長時間労働をしないで、早めに帰宅し、IOTで制御され、再生可能エネルギーを駆使したスイートホームで夫婦でのんびり楽しく家事と子どもの世話をする。皆で、食べ残しをしないよう気をつけながら夕食をとったあとには、スマホで友人たちと遊びの打ち合わせをして、週末には実際に大いに遊び、就寝前には自室に籠ってネットで動画を見たり電子書籍を読む。

日曜という「聖なる日（holiday）」には教会や寺に行くのもよし、家族や友人と遊園地やコンサートにでかけるのもよし、ともかく一週間の「俗なる日」の疲れとストレスをとって、心身をゆとりと静けさのなかで「更新」する。正月や盆にはヨーロッパ並みの休暇をとって、先祖代々の伝統行事を丁寧に行なうもよし、家族で海外旅行に行くもよし。

要は、AIやITを活用しながら、それに負けずに並行して、リアルでアナログな生身の人間同士の生活をきちんとすることだ。特に重要なのは、一日、一年、人生に「節目」あるいはけじめをつくり、「聖」「俗」「遊」あるいは「ハレ」「ケガレ」「ケ」からなる生活のリズムをつくることだ。リズムをもった各人各様の「生活の型（フォルム）」をつくって実行することである。そのためには、すでに触れたように、正月に二週間、盆に二週間、年間合わせて一カ月ほどのまとまった休暇、すなわち日本型バカンスを、できれば法制化するのも一案であろう。

バカンスや空白の時間をどのように使うかは本人の自由だが、筆者の希望としては、そのゆとりある静かな「ハレ」の時間のなかで、家族や親族や友人が寄り集まり、「ケ」すなわち半年間の「俗」なる日々を振り返り反省しながら、亡くなった父母や祖父母を、祀（まつ）らないまでも、なつかしく想い出す――こうしたことに使えたらと思う。これは「田園のゆとり」を「都市」に呼び込む有力な方法であろう。また日本の伝統文化・伝統宗教を今によみがえらせる一つの方法でもあろう。

長時間労働を排した一日や一週間、バカンスを核としたゆとりある年間生活は、筆者が二〇年ほど前にロングインタビューした、ドイツの、とあるビジネスエリートの生活パターンとほぼ同じであり、それで、日本のサラリーマンの、日本経済の生産性や国際競争力が落ちるとは考えられない。九時から五時まではきちんと厳しく働けばよい。

いずれにしても、そうした「ゆとり」があってこそ、「複製文化」を脱して、報告書『田園都市国家の構想』が切望する「本物の文化」「生の文化」「自ら形成に参加する能動文化」「多様で個性的な文化」も生まれる。「文化の時代」も実現されるのである。

†AI信仰からの脱却——「常識」の役割

「AIに仕事を奪われる」と悲鳴を上げる必要もない。たしかに藪医者、会計士、一般事務職、アメリカの学会の三番煎じばかりをやっている経済学者などの仕事は奪われるかもしれないが、たとえば、営業や政治的ネゴシエーションなどの「対人関係の技術」を基本とした仕事は、おそらくAIの最も不得意な分野である。飲み屋で酒を飲み、相手の微妙な顔色をうかがい歓心をえなければとれない注文や、手連手管や、時には脅しを使わなければまとまらない政治的交渉のスキルなどもまた、完全にはマニュアル化できない暗黙知の分野であって、これらの「対人関係の技術」を中心とした分野がAIにとって代わられる時が来るとしても、それはかなり先のことになるだろう。

むしろ警戒すべきは、すでに一部の専門家の間に兆候が見えているように、「噴火口上の舞踏」に狂わされ、われわれがＡＩを「神」のごとく崇め祭って常軌を逸した行為に奔ることだろう。西垣が指摘するように、それは西洋の一神教譲りの「迷信」なのだ。

こうした「ＡＩ迷信」「ＡＩ信仰」は、今に始まった珍しい宗教運動ではない。現代は、中世末期以来、慢性的な「科学信仰」の状態にあったともいえるし、より近代に近いところでは「民主主義信仰」「進歩主義信仰」の状態にあったともいえる。マルクス主義も、レイモン・アロンがいうように、「民衆の阿片」ならぬ「知識人の阿片」、すなわち、知識人の精神的空虚を埋める疑似宗教、世俗的宗教の側面があったのである。

これはやむをえないことでもあると筆者は、Ｍ・エリアーデとともに考える。人間の本性＝自然には、現世を越えて死後の世界や来世に関する物語としての宗教を求めてやまない側面がつくりつけられているという意味で、人間は宗教的人間の後裔であるほかなく、伝統的宗教の勢いが弱まり信じられなくなったとすれば、多くは我知らずのうちに、その代替物＝疑似宗教を求め、疑似宗教的行為を行なう場合があるからである。ハワードを衝き動かした「心霊主義」も、その種の擬似宗教かもしれない。エリアーデは、こうした倒錯的な行為を「非宗教的人間の宗教的振舞い」と呼んだ（拙著『市場社会のブラックホール』参照）。

「宗教的振舞い」は、「現世を越え」「命も厭わぬ」側面を持つから、ＩＳの自爆テロや旧オウム真理教のサリン事件や旧統一教会問題からもわかるように、大いに危険な側面を持つ。「宗教」は往々にして人を狂気に導き世界を危機に陥れる。そうした「狂気」を矯めるために最も期待されるのは、もちろん科学だが、その科学自体が、AIカルトに見られるように、宗教的信仰や狂気の対象となりうるとすれば、「科学信仰」「技術信仰」の危険を矯めるものは、別のところに求められなければならない。

「別のところ」とは、他でもない、歴史のなかで生き残り鍛え上げられてきた「常識」「共通感覚」あるいは「大人の分別」以外にない。特に、科学技術の活用に際しての倫理的・道徳的規範については常識に頼るほかはない。AIが最も不得手とする分野がおそらく常識であることはすでに述べたが、その中核部分である倫理や道徳(たとえば「人を殺してはいけない」という道徳的基準)に関することは、かの「理性主義」の元祖、ルネ・デカルトも「理性の及ばぬところ」としたのである。

「常識」ももちろん誤りうる。「正しい」と信じ切っていた「常識」が、実はひどい「非常識」であったなどということが大いに起こりうるから、既存の常識は、新しい状況のなかで自他によって不断にチェックされ、討論の対象とされ、修正発展させられなければならないのは、科学的仮説の場合と同様である。が、チェックされ修正され発展させられるためにも、われわれは白紙ではなく、既存の常識の上に一旦立たなければならない。これも、科学革命を起こすためにも、一旦、既存の仮説群＝パラダイムの上に立たなければならない科学的知識の場合と同じである。

こうした「常識人」を育成するためにも、「家庭基盤の充実」や「自然の教育」が重要なのである。

5　田園都市国家の総合的安全保障

†『総合安全保障戦略』の先見性

最後に、田園都市国家の安全保障問題にも触れておこう。われわれの議論に「太陽と水と緑の蘇生」を見ようとする人々には心外なことかもしれないが、健康によい快適な「田園」と「都市」と「国家」をつくり発展させるためにも、まず、国家の軍事的安全などが保たれなければならないと考えるのが「大人の分別」というものだろう。いや、ロシアのウクライナ侵攻による地獄を見、中国の台湾侵攻が現実味を帯びている今日の状況においては、「不可欠の分別」というべきだろう。田園都市国家構想が田園都市構想でない所以である。

この点でも参考になるのが、すでに触れた、大平内閣下の政策研究会・総合安全保障研究グループ（議長：猪木正道、政策研究員・幹事：飯田経夫、高坂正堯）の報告書『総合安全保障戦略』である。
この報告書は、他の報告書に比べて小冊子にまとめられているが、「簡にして要を得ている」というか中身が濃く、いまに生きる貴重な示唆に満ちている。未読の読者のために、これも目次を挙げてみよう。

『総合安全保障戦略』目次

Ⅰ　安全保障政策の総合的性格
Ⅱ　状況と課題
Ⅲ　いくつかの具体的考察
1　日米関係
2　自衛力の強化
3　対中・対ソ関係
4　エネルギー安全保障
5　食糧安全保障

結語　6　大規模地震対策――危機管理体制

この目次から明らかなように、「総合安全保障」の「総合」の意味は、単に軍事的安全保障に留まらず、エネルギー安保、食糧安保、大規模地震対策（危機管理体制）など、国家の安全にとってのさまざまな脅威に対する対応策が総合して考慮されている点にある。

筆者は、第一章で、大平の田園都市国家構想には、農業振興策が不明確であること、自然の快適さは説かれても自然の脅威や苛酷さに対する記述が乏しいことなどを指摘したが、この報告書では、周到にも、食糧安保政策の一環としての現実的な農業振興策や大都市に起こりうる大規模地震をはじめとした自然災害による危機の管理体制が説かれている。

エネルギー安全保障の一環として「ソフト・エネルギー・パス」、すなわち太陽、風力、水力、波力などの自然エネルギー（再生可能エネルギー）の活用を説いている先見の明も注目に値する。大平構想は、『総合安全保障戦略』を含む九つの報告書を通読すると、包括的でバランスのとれた国家構想となっていることがわかる。

もちろん、時代状況や小冊子ゆえの制約や限界などもある。

まず、一九七〇年代末という冷戦の真っただ中で書かれていることから、ソ連に対する強い警戒感が目立つ反面、日中平和友好条約（一九七八年）が結ばれた直後である上、中国が文革直後で経済的にも軍事的にもまだ「貧国のユートピア」だったことなどを反映して、中国に甘い記述が目立つ。もちろん、ロシアのクリミア併合やウクライナ侵攻、中国の台湾侵攻や尖閣諸島上陸の危険性などは書かれていない。エネルギー安全保障についても、二度の石油ショックの直後に書かれたためか、「油断」すなわち中東からの石油の輸入が断たれた場合への考慮が強く、自然エネルギー活用への配慮は見られるとはいえ、原発の危険性などへの配慮はあまり見られない。農業者の平均年齢が六五歳を超え、文字通り存亡の危機に立たされている日本農業への危機感もそれほど感じられない。

しかしながら、一九七〇年代末にすでに、アメリカの経済的・軍事的弱体化（全盛期に比べての相対的弱体化）を指摘して、かつてのように日本がアメリカに全面的に依存できた時代が終わり、専守防衛の原則を守りながらも、自主防衛能力を高める必要があることを強調している点はさすがである（「2　自衛力の強化」）。この部分の執筆者の一人はおそらく高坂だが、軽武装・経済中心主義を基本とした吉田茂を支持した彼の、思考の柔軟さ、新しい状況に応じてじりじりと現実的な修正を行なっていく能力には敬服する。いうまでもなく、これは現在の日本が直面している軍事的安全保障の最大の課題の一つであり、この課題の達成に憲法九条が妨げとなるなら、何らかの形での改憲が必要だとも筆者は思っている。

†「武勇の精神」の故郷としての「農」と「田園」

この点についても、迂遠に見えるもしれないが、柳田の議論は示唆的である。中村哲から「固定観念」と揶揄されるほど、柳田が「農」と「田園」に拘ったことは何度も強調してきたが、その柳田が、日本の武家や商家も元をただせば皆農家出身だったという自説を詳しく説明した「家の話」というエッセイの最後の部分で、次のように書いている。

「……吾々が深く考えてみねばならぬことは、吾々の中には、一戸として先祖なしに初まった家のないことであって、その先祖の中には不幸にして記録に書き残されず、または幸いにして戦場において華々しい最後を遂げなかったにもかかわらず、人間として最も正しく、日本人として最も立派な武家兼農家の主が、古今千年の間に何千人何万人あったか分らぬということである。外国人等がしばしば日本の人は農民までが勇敢である、忠誠であると批評するのは、吾々の目から観れば滑稽千万なることである」（四三六頁）。

この文章の趣旨は、武家の先祖が農家であり、それら「武家兼農家の主」が「人間として最も正しく、日本人として最も立派」だったこと、そのルーツを考えれば「農民までが勇敢である、忠誠である」と外国人が賞賛するのは滑稽千万で、きわめて当たり前のことだということだが、筆者は、柳田がここまで、農家好みであると同時に、武家好みとは知らなかった。この文章から判断する限り、柳田が田園や農業をあれほど好んだのは、それが、そこが、道徳規範の尊重や勤労精神というより、いわば「武勇の精神」、武士の魂の故郷だったからだ。逆にいえば、彼があれほどまで都市の「噴火口上の舞踏」を嫌い憎んだのも、その焦燥感にかられた消費文明が武勇の精神を蝕むからだということになる。

武勇の精神——ニュージーランド出身の優れた思想史研究家、J・G・A・ポーコックのいう「シヴィック・ヴァーチュー（civic virtue）」あるいは「公民の徳」の一つ——は、もちろん大規模地震、津波、土砂災害、原発事故などの危機管理においても枢要な役割を演ずる。爆発を繰り返し放射能を噴出する原発に立ち向かい、放水し、水タンクを投下するのは、戦場におけるのと同様の、すさまじい武勇の精神と訓練を必要とする。こうした精神が衰えてしまえば、国防や自然災害への対応はもちろん、それらを前提とした「太陽と水と緑の蘇生」もままならなくなるだろう。柳田、それから、分業と市場経済に基づいた商業社会の発展を肯定したアダム・スミスの懸念もその点——発展する現代社会における武勇の精神（martial spirit）の衰退——にあった（『国富論』水田監訳・杉山訳、第五編など）。

ただし柳田は、軍国主義や国家主義を嫌っていた。大正デモクラットでもあった彼は「軍のシビリアン・コントロール」に無条件で賛成したことだろう。彼およびスミスが必要としたのは、自由民主主義支配の下での武勇の精神あるいは「貴族の徳」であり、自由主義国家の安全保障体制だった。

その点を確認した上で、『総合安全保障戦略』への不満を述べるとすれば、そこには、多くの示唆と教示にもかかわらず、総合安全保障を支え遂行する人間のエートス、他国の侵略、人災・天災の脅威に立ち向かい戦う人々の武勇の精神に関する記述が見られないことだ。第一級の国際政治学者の高坂、第一級の経済学者の飯田、それから、第一級の政治学者であり当時防衛大学学長だった猪木がそれを知らぬはずはないのだが、政府の公式文書に表明するのをためらったのであろうか。

また柳田説にも疑問がないわけではない。武勇の精神が「農」や「田園」のみから生まれるというのは本当なのだろうか。都市からは生まれないとすれば、ほとんど都会ばかりとなった現代日本では、もう自衛隊員を養成するのは不可能となるのではないか。

実は、この点については、柳田は、農業を富国強兵の基礎とする当時の農本主義者の視野の狭さを批判するために、「サレド戦争ガ段々(ダンダン)機械的トナリ科学的トナレル今日ニ於テハ工兵、砲兵其ノ他ノ特科兵ニハ少々体質ニハ劣ルモ工業ノ労働者ノ如ク幾分機械ニ関スル智識アル者ヲ重ンズベキ場合モナキニ非(あら)ズ……」(『農業政策学』四一二〜四一三頁)、すなわち、農民より工業労働者の方が、機械操作に習熟しているという点で、むしろ現代の兵士に向いている場合もあるという、ドイツの農政学者T・ゴルツらの説を紹介しているから、柳田の観点に立っても、自衛隊員を都会で養成することは不可能ではない。宇宙やサイバースペースが主戦場になりつつある現代の安全保障においては、むしろ都会育ちのネットゲームオタクの方が、国防に適しているかもしれない。

柳田の本意は、都会風の消費文化に染まらない、質実剛健で禁欲的な環境――これは農村でも都会でもありうる――が必要なのだということだろう。「若者を鍛え直すための徴兵制」や「平和のための徴兵制」の復活などという、昨今の日本にしばしば見られる時代錯誤の提案と違って、アダム・スミスは、軍事教練を含んだ教育による一般国民における「武勇の精神」の涵養という方策を考えたが（『国富論』同上訳書、第五編）、現代日本に必要かつ可能な方策とは何か。一般国民にとって必要なのは軍事教練や武勇の精神というより、自国の安全保障を、国際的な視野のなかで自らのこととして引き受け考え、国防の任にあたる者を物心ともに励まし支援する公共的精神を養うリベラルな教育や社会のあり方であろう。この点については機会を改めて詳しく議論したい。

いずれにしても、自然や他国の脅威、さらには家庭や地域コミュニティの脅威から身を守りつつ、それらを擁護し、利点を、それらの脅威からすら最大限引き出すこと――こうしたアクロバティックな思想に耐え抜いてこそ、二一世紀の田園都市国家構想は日本に実現されるだろう。

補章　コロナ、そして死とともにある時代に

1　史上最大級のパンデミック

†コロナ禍という出来事

本書の主要部分をほぼ書き上げたのはいまから三年ほど前（二〇一九年一一月ごろ）だったが、それからしばらくして新型コロナウイルス（covid-19）が日本に上陸して「コロナ禍」が始まり、筆者が感染リスクの高い高齢者であることもあって、仕上げの仕事が手につかなくなった。

二〇二〇年の春ごろには、この異常事態、予期せぬ出来事も秋ごろには収束し、仕事を再開できると高を括っていたが、マスクやトイレットペーパーが店頭から消え、東京オリンピック・パラリンピックの延期が決まり、緊急事態宣言が発出され、アベノマスクが配られ、GOTOトラベルが始まり、政権が安倍内閣から菅内閣に変わるなど、状況が目まぐるしく変わって、仕事がますます遅れた。

その後、第一次、第二次等の感染ピークを迎えるなかで、延期されていたオリンピック・パラリンピックがなんとか開催され、また政権が菅内閣から岸田政権に変わったと思ったら、なぜか、そのころから日本の、日本だけの感染者数が激減し始め、やっと一息ついて仕事を再開できることになった。が、そう思った途端に、デルタ株をはるかに上回る感染力を持つとされるオミクロン株が出現し、見る見るうちに「第六波」と「第七波」に襲われ、そのほとぼりも冷めやらぬうちに「第八波」が始まった。

その上、「第六波」冒頭にロシアの暴挙、ウクライナ侵攻が始まり、「第七波」冒頭に安倍元首相の銃撃事件が起こり、旧統一教会問題や国葬をめぐる議論が活発化した。

本書の議論も、直接的ではないにせよ間接的には、これらの状況の変転に影響を受ける。特にロシアのウクライナ侵攻に関しては、どのような田園都市も安全保障なしには成り立ちえないことを思えば、この種の問題を抜きにして議論の万全を期すことはできない。

実は、田園都市国家と安全保障の関係については、三年前の下書き段階から強調しており、ウクライナや国際安全保障問題についての論考を用意しつつもあるのだが、状況がまだ余りにも流動的なことや紙数の制約もあり、安倍銃撃事件や旧統一教会についてとともに、詳論するのは他日を期すことにしたい。

前置きが長くなったが、補章を付け加えるのは、この三年あまりに留まらず、これからも続くであろう人類にとっての禍(わざわい)を、現時点での情報に基づいて考察し、本書の主要部分の議論を補強するためである。というのも、以下で述べるように、筆者は、田園都市国家構想が、間接的にせよコロナ禍と深くつながっていると考えているからである。状況の変化に応じて、主要部分（第一章〜第四章）にも加筆修正を加えたが、コロナに関する部分は、補章でまとめて述べることにして最小限度の補正に留めることにした。

それにしてもひどいパンデミック（pandemic、感染症の世界的流行）だ。筆者の比較的長い人生においても、これほど強烈で長期間にわたる感染症に出会ったことはない。現時点（二〇二三年一月下旬）で日本の感染者数三二〇〇万人強、死者数六万六〇〇〇人強というのはまだよい方であり、世界全体のそれらが、それぞれ、六億七〇〇〇万人強、死者数六七〇万人強、しかもますます増えているというのは、スペイン風邪や二次にわたる世界大戦よりましとはいえ、史上最大級のパンデミックの一つであることは間違いない。

反グローバリズムの危うさ

こうしたパンデミックの発生に関しては、当然のことながら、専門家、知識人、ジャーナリストなどによる夥しい数のコメントや評論が現れた。きわめて流動的な状況のなかでの「緊急発言」「緊急提言」の類が多く、あとから見ると初歩的な誤りや不十分さを含む可能性が少なくないので具体的言及や引用は避けるが、それらのいくつかを念頭に置いて筆者自身の考えを述べてみたい。

コメントや評論のなかで目立ったのは、コロナ禍というパンデミックが、ここ数十年続いてきたアメリカ主導のグローバリズム（globalism）、すなわちヒト、モノ、カネ、情報が、国境を素通りして世界中、地球上のあらゆる場所を自由に迅速に行き来することを旨とする思想と現実の帰結であり、いまこそ国境の垣根を高くしてナショナリズムを復権・強化すべきだというものである。

パンデミックはグローバリズムの一種であることを思えば、とてもわかりよく素人受けするコメントだが、それらは、コロナウイルスの発生源が中国武漢の海鮮市場あるいはウイルス研究所であり、世界的拡散の原因の一つが、同国における二〇一九年内の人へのコロナ感染という事実を当局が迅速に世界に通知しなかったことだった、というかなり確からしい事実を無視している。グローバリズムの重要な要素の一つが情報の迅速な世界への通知・伝播・流通であることを思えば、コロナの主要原因一つは中国当局の反グローバリズムだった可能性が高く、グローバリズムは、それによってもたらされた事態を拡大強化した副次的要因だったというのが正解であろう。

筆者が恐れるのは、こうしたわかりやすいが正確さを欠いたグローバリズム批判の横行が、ナショナリズム（nationalism）を通り越して、他国と世界に門戸を閉ざす国粋主義や自国中心主義に勢いを与えることである。

グローバリズムに賛成したいのではない。確かに、ここ数十年間のグローバリズムの隆盛は、世界経済や世界政治にさまざまなひずみをもたらした。

たとえばそれは、多国籍企業の地球大のロジスティクスに従って、低賃金国で生産を行ない、製品を世界中に売りさばくことによって、低賃金国の雇用を増やし賃金を上げ、先進国企業の利潤を高めた反面、自国労働者の雇用を減らし賃金を引き下げた。また、生産拠点に選ばれなかった国の経済は取り残され、世界中で貧富の格差が拡大した。コロナ禍は、従来からあった巨大な経済格差を白日の下に晒(さら)したわけである。

おそらくアメリカ企業・株主と並んで、この間のグローバリズムを利用して多大な利益を得たのは中国であろう。同国の企業は安価で勤勉な労働力を使って製造した低級・中級品を津波のように欧米や日本に売り込み、外貨を稼ぐなどして、「富国強兵」を実現した。

また今回の事態で明らかになったように、グローバルに展開した部品や製品の供給網、つまりサプライチェーンは、その鎖の一角を占める国や輸送・通信網に万一トラブルが生じた場合には、鎖につながれたすべての国も企業活動にトラブルを波及させかねない脆弱性を持っている。東南アジアからの部品供給の途絶がトヨタの生産をストップさせるのである。

だからトランプ前アメリカ大統領のように「反グローバリズム」と「アメリカファース

ト」の旗を掲げる気持ちもわからなくはないのだが、かといって、世界に閉ざされたナショナリズムがよいのかというと、少なくとも経済活動に関する限り、それは誤りだというのがアダム・スミス以来の常識である。貿易すればより安い原料と製品が得られる時に、その道を閉ざし、国内の高価な原料や製品を使い製造するのは経済学的に見て愚策としかいいようがない。

しばしば誤解されることだが、アダム・スミスの自由貿易主義は、人為的な国境の壁をつくる重商主義と異なることはもちろん、国境の壁を取り払ったグローバリズムともまったく異なっている。スミスはある意味でのナショナリストでもあり、思想的系譜としては、各国の政治的主権と経済的・社会的・文化的個性を尊重した上で、国家間の利害の衝突を国際法によって調整し抑制することを目指したH・グロチウスの「国際主義 internationalism」の伝統に属しているのである。自国と他国の独自性をしっかり認めた上での自由貿易と国際交流――これが、グロチウス＝スミス流の自由貿易主義あるいは自由主義的国際関係論の理念である。

国際主義はナショナリズムと矛盾しない。それが矛盾するのは、トランプ流に世界に門戸を閉ざしたナショナリズム、閉ざされたナショナリズムであり、国際法の下での世界との交流を意欲した開かれたナショナリズムは国際主義の重要な要素の一つである。

他方、国際主義がグローバリズムと矛盾するのは、これまでの説明からも明らかであろう。国際主義は、「法の支配の下での自由」を原則とする自由主義国内の個人間の交流と同様、あくまで各国の個性を尊重した上での国と国との交流を目指すのである。

†集権国家の誘惑

コロナ禍への評論で、「ゼロコロナ政策」の愚かさが明らかになった現在ではさすがに影をひそめたとはいえ、一時期目についたのは、中国政府が、インターネットにおける個人情報の収集、強権的なロックダウンやPCR検査などによって、速やかに効率的にコロナ禍を「収束」したかに見えたことから中国式のコロナ対策を評価する一方で、日本や欧米の自由民主主義国のもたもた振りを批判し揶揄(やゆ)するというものである。

こうした議論は目新しいものではなく、自由主義国がファシズム国家などの集権的国家より、平常時はともかく、戦争などの非常時には運営が遅れ難しくなり、場合によっては崩壊しかねないというのは、ナチスの御用学者といわれた――それにもかかわらずその学識と慧眼(けいがん)には一目置かざるをえない――カール・シュミットが一〇〇年前に指摘したことである。

これは当たり前なことであり、自由主義国家では、「民意」、たとえばPCR検査を拒否する国民の意思を無視してコロナ対策を実施するわけにはいかず、「民意」の一部を制約する法案をつくるには国会で気の遠くなるような時間をかけた「審議」を行なわなくてはならないからだ。非常時だからといって事情は変わらず、当該国家の意思決定は「もたもた」せざるをえなくなるのである。

身近に感じるせいか、日本政府のコロナ対策には、実は、筆者もイライラさせられた。これほどの非常時に法律に基づいたロックダウンもできず、「三密」回避の「お願い」しかできない国家とは何なのか。感染者と重症患者が欧米より一桁、二桁少ない日本がなぜ「医療危機」「医療逼迫」に陥らざるをえないのか、等々と。

日本政府の対応のもどかしさを一概に批判したりはできないだろう。次々と生まれてくる変異株に感染症の専門家が翻弄されるという状況のなかで、専門部会の意見を聞きつつ政策を決定せざるをえない政府の動きが迅速かつ的確であるはずはない。コロナ死より経済を優先するのかという批判もあったが、経済の低迷が確実に自殺者数を増やすという過去のデータを参照する限り、人命尊重のためには「コロナも経済も」「コロナ死か経済死か」と政府がおろおろするのもやむをえないことだったというべきかもしれない。批判している野党や評論家や国民も、自分で状況を仕切れば同じようなことになったのではないか。

しかし日本政府の対応を見ながら、その背後にある戦後日本の非常時対応における構造的欠陥を感じざるをえなかったのも事実である。

コロナ禍は、地震や津波同様、国家の安全保障上の一大事なのであり、厚労省の担当範囲をはるかに超えて、内閣の安全保障会議や防衛省の担当範囲にも属してしかるべき案件なのだ。事が国民の生命に関わることだからである。しかしコロナ禍に対する危機管理体制は、戦後日本の平和憲法のゆえにか、法制的にも組織的にも心理的にも不十分なものに留まり、世界一のベッド数を誇る我が国の医療体制が十分に機能することはなかった。

この点でも、国防以外の危機管理体制の整備を「総合安全保障」の枠組みに組み入れた大平政策研究会・総合安全保障研究グループの先見の明は高く評価されなければならない。もちろんこの場合の危機管理は大地震を念頭に置いたものであり、報告書『総合安全保障戦略』では感染症などの危機に対応する管理体制、とりわけ医療体制の整備は視野の外に置かれている。

とはいえ、総合安全保障の枠組みのなかに感染症の危機を組み込むことは可能というより自然であり、その方向への取組みがもっと早くなされるべきだったのである。

ただし、われわれの必要とする総合安全保障はあくまで自由民主主義国家のそれであり、迅速性と効率性に幻惑されて、中国式の集権的危機管理体制の誘惑に負けることがあってはならない。政府の命令一下、街ごとロックダウンされ、家を出て買い物をすることも許されず、個人情報の仔細を当局に収集管理される体制のどこがよいのか。集権国家の危機管理体制は平時の管理体制でもあるのだ。

自由主義国家の危機管理体制は、これとはまったく異なり、非常時にのみ臨時的に発動され、危機が去れば可及的速やかに解除されるようなものでなければならない。日本に必要なのは、こうしたリベラルな危機管理体制なのだが、それがいまだに十分に整備されていないことが、今回のコロナ禍で明らかになったのである。

†テレワークと地方分散

コロナ禍に際してよく聞かれた議論をもう一つ挙げれば、テレワークやオンラインビジネスが一極集中の是正と地方分散を促進するのではないかというものがある。これは、まさに、第一章で紹介したデジタル田園都市国家構想総合戦略の発想と狙いそのものだとしてよいだろう。

確かに、テレワークが普及すれば満員電車に乗って通勤する必要がなくなるだけでなく、東京などのオフィスで仕事をする必要もなくなり、理論的には、日本のどこでも、北海道でも四国でも沖縄でも仕事ができるようになるから、オフィスと仕事の地方分散が進みそうに見える。これは大都会の「三密」を避けるための絶好の機会であり、実際に、淡路島に本社を移転して、全社挙げてのテレワークに勤しむ会社も現れている。

しかし、機械の組み立て、操作、メンテナンスなど、現業には現場でなければできない仕事が多いだろうし、事務的仕事のなかにも、やはり顔を突き合わせての交渉や調整が不可欠なものが少なくないように思われる。飲み会にしても「オンライン飲み会」で十分な満足が得られるかどうか。筆者のオンライン授業の経験では、黒板に板書ができない、質疑応答に時間がかかる、パソコンやスマホの画面を見続けていると疲労するなど、教師にとっても学生にとっても不便な点が少なくなく、コロナ禍が終わればやはり対面授業をやりたいと思う者が多いようだ。もちろん筆者もその一人である。

さらに、仕事が地方で可能であり、会社勤めの本人の仕事には支障がないとしても、本人および家族の生活はどうなるのか。大都市のきらびやかなショッピングセンターや娯楽施設や文化施設、進学校や進学塾などの代わりになるものが地方に用意されるか。本人は転勤に乗り気でも家族の賛成がえられるか、などと考えていくと、デジタル都市国家構想総合戦略が実現できるか疑問になってくる。第一章では、同戦略における「都市に田園のゆとりを」の側面の欠落を指摘したが、ここでは、さらに「田園に都市の活力を」の可能性、すなわち地方へのオフィスと人口の分散の実現可能性を疑うのである。

確かに、コロナ禍のなかで「三密」を避けた地方分散はある程度は進んでいるようだが、筆者の見るところ、その多くは東京から千葉、神奈川、埼玉など東京近郊への移動、つまり首都圏内部の移動であり、遠く離れた地方への移動は少ないように思われる。

2 生と死を見つめて

†「死を遠ざけること」の不幸

コロナ禍をめぐる議論は以上に尽きないが、ここでは、筆者にとって最も深みのある論点を提示したように思われたものに話を絞ろう。

たとえば科学史研究者、村上陽一郎はコロナ禍初期の時期に書かれたエッセイ「COVID-19から学べること」のなかで、志村けんと目される喜劇タレントのコロナ感染による死に大騒ぎするメディアや大衆を、タレントの死を悼みつつも批判して、現代社会が、特に類例を見ない高齢化社会を迎えた現代日本が常に「死」と隣り合わせであるという当たり前の事実を忘れている、日頃から「死」を遠ざけすぎているからあわてふためいているのだと述べている。

そして、自分が小学生だった戦時中、おそらく連日連夜の空襲という事態のなかで、「……私たちは、今日を生き延びられた夜、ほっとして今日一日を何とか『生きた』という実感を、敢えて言えば『悦び』を得ていた」（六四頁）と述懐している。

村上の述懐は、いつ何時死ぬかもわからないと思うからこそ、「生きていてよかった」「今日も生きられたことに感謝する」と思えるのだという、考えてみれば当たり前のことを述べたものだ。逆に死を遠ざけ、生きているのが当たり前だと思えば、生きていることを喜び、感謝することもなくなる。村上の言葉を借りれば「『死』を遠去けた結果、『生』もまた遠去かったのかもしれない」（同上）ということになる。

もちろん連日連夜の空襲や、いつコロナウイルスに感染して死ぬかもしれないという状況は楽しいものではない。筆者のように、それほど遠くない将来死ぬことがはっきりしている高齢者はともかく、老いも死も遠くにある若者や青壮年層にとって「死を遠去ける」ことは当然であり、その人生がコロナという伏兵によって突然中断されるなど耐えがたいことに違いない。いや高齢者だって「死」は嫌なことに決まっている。だから、筆者もコロナワクチンを複数回接種したのである。

しかし、人は、生きとし生ける者はやがて必ず死ぬ。これは「自然の掟」であって、その掟に逆らうことはできない。もちろん人間の力によって避けられる死はある。他殺は、自力によって防げないとすれば、警察力や軍事力によって防げるし、自殺もカウンセラーをはじめとする周囲の者の配慮やケアによって防げる場合が多い。病気になればさっさと病院に行けばよい。

が、新型コロナのような未知の部分の多いウイルスに対してはワクチンや治療薬の開発が間に合わない場合があるし、がんのような難病の場合は多くの治療法の出現にもかかわらず、死という結末を完全に回避することはむずかしい。加害者にとっても被害者にとっても避けられない事故によって死ぬ場合もあれば、突然の地震津波や豪雨土砂災害によって死ぬ場合もある。そして、どんなに頑張っても老衰によって死ぬことは避けられない。

つまり人間は「死すべき存在」なのだが、そうした事実を、高齢者、若者、青壮年のいかんによらず知らぬ者はない。子どもでも知っているのではないか。

しかし、「自然の掟」に正面から向き合うのは陰気で不快で気の滅入ることだ。少なくとも歓迎する人はいない。だから、「死」を遠ざけ、「この世は生だけからできている」という振りをする。振りをするだけでは足りなくて、必死に勉強し仕事し出世し金儲けをするなど、「自然の掟」を忘れようと、パスカルが『パンセ』でいうところの「気晴らし」に邁進する。

「気晴らし」をして悪いことはない。問題なのは、それが行き過ぎて、受験ノイローゼに罹ったり、不登校になったり、仕事に熱中するあまり家庭を犠牲にしたり、会社の増収増益のために社員の給料を抑えたり、パワハラ・セクハラしたり、経済成長至上主義に走って地球温暖化を推進するなどすることだ。

「気晴らし」の行き過ぎは特に異常なことではない。第三章で詳しく述べたように、柳田は、こうした都会人の生態を「噴火口上の舞踏」と形容したのだが、それは「都会の活力」に推進された現代社会の常態を描いたものにすぎないのである。

「噴火口上の舞踏」をもたらす要因は、筆者の解釈では、「資本主義」というより人間本性（human nature）に属するエゴイズム、猛烈な競争などさまざまだが、その根本には現代人が、現代医療の成果などに甘えて、人間が「死すべき存在」だという否定すべくもない現実から目を背け「死からの逃走」を企てているという事実がある。

†「死の認識」へ

カール・ポランニーはかつて、『大転換』のなかで、西欧人の意識の根底を形づくるものの一つとして、旧約聖書に示された「死の認識（the knowledge of death）」を挙げた。ポランニーの意図はもう一つはっきりしないが、筆者は、「死の認識」を自分なりに解釈して、その「認識」を失ったことが現代社会の病理の一因となっているのだという観点から、リーマン・ショック以後の世界の危機的状況を論じたことがある（『カール・ポランニーと金融危機以後の世界』）。この観点を本書の議論にも適用すれば、現代人は「死の認識」を失ったことを一つの、といってもかなり重要な理由として「噴火口上の舞踏」を行なっていることになる。

「死の認識」とは、とりあえずは、人間すなわち自分が「死すべき存在」であるという事実を「知る」こと、その事実に正面から向き合うことを意味するが、それが肯定的な役割も果たしうることを確認しておこう。たとえ志望校の受験に失敗しても、会社でミスをして左遷されても、会社の立て直しに失敗して倒産しても、「どうせいずれは死ぬのだから」と思って青空を見上げれば、心が落ち着く。日常生活でいつも「どうせ……」と思うことができれば、心に「ゆとり」ができて「噴火口上の舞踏」や行き過ぎた「気晴らし」をしないでも済む。そして、人生には偏差値や出世や金儲けより大切なものがあるかもしれない、と思い始めるかもしれないのである。

より一般的にいえば、「死の認識」は、人生に限りがあることを知った人間が、人生を建設的によりよく生きるための手がかりを与えるものである。陰鬱な名称にもかかわらず、それが目指すのは「生」「よい生」であり、「死」や「よい死」や「安楽死」などでは決してない。

しかしそれにしても、「死の認識」はやはり楽しいものではない。生物学者は、「死」が新たな「生」と種の進化のために必要だと教えてくれるが、科学的説明によって「死」の恐怖がなくなることはない（小林武彦『生物はなぜ死ぬのか』）。「死すべき存在」であることに直面することが精神疾患や虚無主義や刹那主義をもたらすこともあるから、「死」を受け入れるためには、「死」の恐怖を和らげ、「死」の積極的意義を教えてくれる何らかの宗教、あるいは、より控え目に、宗教的色彩を帯びた哲学や思想や物語が必要であろう。

それというのも、「生」と「死」、「この世」と「あの世」を架橋し、「死」と「あの世」に意味を与え、「生」と「この世」がすべてではないことを教え、科学とは無縁な「物語」にすぎないかもしれないとはいえ、古来、人間に「死」の受容の仕方を教えてくれたのが宗教だからだ。ポランニーが「死の認識」という当たり前とも思える認識が旧約聖書で示されたとしたのも、それが分厚い宗教的背景を持っていることを前提としているからである。

もっとも一口に「宗教」といってもさまざまな宗教がある。筆者に縁遠い旧約聖書、すなわちユダヤ＝キリスト教は畏れ多いので、話をより身近な日本の宗教に限っても「宗教」は多様である。第三章では柳田の「家の宗教」に言及したが、それ以外の仏教一つとっても、天台宗、真言宗、日蓮宗、曹洞宗、浄土宗、浄土真宗など実にさまざまな宗派があり、どれをとり上げるかによって「死の受容」「死の認識」のあり方は異なりうる。

そしてもちろん、宗教学者でない筆者には、これらすべてを理解し解説するわけにはいかない。子どものころから「法然さん、親鸞さん」の話を父から聞いて育ち、父母の葬式を浄土真宗で挙げたという点では「真宗教徒」になるかもしれないが、『歎異抄』と『教行信証』を愛読してきたとはいえ専門的に研究したことはない。多少勉強したのは柳田国男で、本も書いたが、「家の宗教」に親しみを感じこそすれ、祖霊信仰論をアカデミックに論ずるほどの知識はない。

ただ、日本文化の古層に属する宗教というより民俗のせいか、それほどの努力や勉強なしにすうーっと「先祖教」には入っていけそうな気がする。仏壇に向かって「ナムアミダブツ」と唱えていても、東と西の本願寺には申し訳ないが、阿弥陀仏の代わりに、亡くなった父や母や兄や祖父母や友人たちの顔が故郷の風景とともに浮かんできて、なつかしさがこみ上げるとともに、神妙な気持ちになる。

「お迎え」という言葉があり、この世を去るに当たっては、多くの場合、残念ながら、阿弥陀仏や大日如来などの豪華キャストではなく、亡くなったあの人この人、人生をともにした親しみのある人々が「お迎え」してくれるらしいが、筆者の場合はそれで十分なような気がする。もちろん「臨終」以前の勝手な空想にすぎないが、彼らが「お迎え」してくれるなら、なんとか安心して死んでいけそうな気がするのである。

そして願わくば、存命中の子どもや孫や友人たちに死んだ筆者を追悼してほしい、時々想い出してほしい。贅沢な祭りや祀りはいらないが、正月の初詣や盆踊りの時にでも、生前ともに初詣や盆踊りをした時の筆者を少しは思い出してほしいと思う。

†『葉っぱのフレディ』という「いのち」の物語

「お迎え」されて、追悼・追慕されてどこに行くのか――それはわからない。柳田民俗学によれば、家からそう遠くない里山に上り、先に「お迎え」された父母や祖父母や友人たちの霊と合体した融合霊となり、里に置いてきた子や孫や友人たちを見守り、時には里に降りて交流し、子孫に生まれ替わってこの世に戻って来さえする――ここまで「物語られる」と筆者もついていけなくなるが、それでもなにか心の温まる気がしてくる。

人の生死を語った心温まる物語というと、柳田には迷惑かもしれないいが、筆者はいつもレオ・バスカーリアの『葉っぱのフレディ』を思い出す。

春、若葉が芽吹き、大きさと厚みを次第にまして、夏になるころには立派な葉っぱたちに成長する。葉っぱのフレディは、親友のダニエルらとともに、青春を満喫し、おしゃべりをし、暑さから逃げ出してきた人間たちに涼しい木陰をつくるなどの仕事に励むが、楽しい夏はやがて終わり、秋がきて、寒さとともに霜が降り、葉っぱたちが色づき紅葉となり、風が吹いて、一枚また一枚と散ってゆく。こわいよと叫ぶフレディに、ダニエルが、散るということ、死ぬということは、春から夏へ、夏から秋へと季節が変わるように、とても自然でこわいことではないのだといい聞かす。さらに、葉っぱは散っても、それを茂らす木は生き残る、木もいつかは死ぬが、「いのち」は永遠に生きるといい終ると、ダニエルは散ってゆき、あとを追ってフレディも散ってゆく。そして、また、新しい春がめぐってくる……。

子どもたちに「死」の意味を説き聞かせるために書かれたこの本は、死と再生、永遠の生命の循環の見事な物語となっている。めぐってくる春には、また若葉たちが芽吹き、成長し、仕事とおしゃべりをするからだ。秋の終わりに木から散っていった年寄りのダニエルやフレディたちも、この生命の循環において大切な役割を果たす。落ち葉となった年寄りの葉っぱたちが、腐食し、木の足元の土のなかに吸収されて、肥料となり、次に生まれてくる若葉たちの命の源となるからである。一本の木もいつかは死ぬが、その木も森の別の若木の肥(こや)しとなって、新しい生命の誕生に貢献し、「いのち」は永遠に続いてゆく。

この童話の構造は、柳田の祖霊信仰の物語の構造とよく似ている。この二つの物語には、旧世代↓現世代↓次世代↓…と、個体の死を超えて受け継がれる生命の流れ、人間的あるいは宗教的脚色の部分を取り去れば、生物学的にはきわめて常識的な生命の継承の姿が描かれている。

柳田の物語に近代人にとって奇異に思える点があるとすれば、登場人物の命が、彼ら個人の所有物ではなく、先祖↓自分↓子孫と永遠に続く生命の連続体に帰属するとされている点だろう。あえて「所有物」という言葉を使えば、人物の命は祖霊という融合霊の所有物なのだ。あるいは、東本願寺の掲示板にあるように、「今、あなたがいのちを生きている」のではなく、「今、いのちがあなたを生きている」といってもよいだろう。この個人を超越した生命をバスカーリアは「木」とか「永遠のいのち」などと形容したわけである。

バスカーリアはキリスト教徒だったと記憶しているが、その彼が、子ども向けとはいえ、ゴッドもデビルもヘブンもヘルも登場しない死生観を語るとは意外だった。しかし、篤信のキリスト教徒であった故・日野原重明が『葉っぱのフレディ』の音楽劇の台本をつくり自ら出演したことを見ると、案外、祖霊信仰にもキリスト教に通ずるところがあるのかもしれない。

「死の認識」を得る、あるいは取り戻すために祖霊を信仰したり『葉っぱのフレディ』の愛読者になる必要はない。イエスによる救済を願ってアーメンを唱えても、念仏を唱えて阿弥陀仏にすがっても、釈迦や道元のように座禅を実行して執着から解脱しても、太鼓を叩いて曼荼羅（まんだら）に祈願しても、山伏姿になって山岳マラソンをしてもよい。無宗教の人は無宗教なりの物語をつくればよい。要するに、カルト的迷妄に迷い込んだり反社会的行為に走らない限り、それぞれのやり方で、自由に「死の認識」と死を受容する方策を見出し実践すればよいのである。

†コロナウイルスとともに

このようにして「死の認識」を解釈しても、「死」が楽しくないこと、より正確にいえば、楽しくなさそうに思われることに変わりがない。しっかりとした「死の認識」があれば、腹が据わり、多少はましな死に方ができるかもしれないが、楽しく死ねるとは思われない。筆者自身についていえば、死の床で、「ナミアミダブツ」と唱えて、亡くなった父母兄弟の姿を思い浮かべられたとしても、いよいよとなると取り乱し、泣き叫びさえするかもしれない。かっこよく死ぬことなどできそうにもない。

そもそも、すでに述べたように、「死の認識」は、「立派に」死んだり、「見事に」死んだり、「よく」死んだりするため、要するに「死」のためにあるのではない。それはむしろ、「生」には限りあると自覚した上で、限りある人生を有意義により善く生きるため、要するに「よい生」のためにある。自らが「死すべき存在」であることを正視することによって、山なす財貨や地位や権力を積み上げ獲得しても空しい一場の夢にすぎないことを覚り、より人間的でより善良な人生を生きるためにあるのである。

それによって、人間は静けさと「ゆとり」を心のなかに呼び込み、「噴火口上の舞踏」の愚かさを知る。柳田が地方の田園由来の習俗とする祖霊信仰に引き寄せていえば、その信仰に支えられた「死の認識」が「都市に田園のゆとりを」もたらすのである。

「都市の活力」や「デジタル」や経済成長を否定する必要はないし、否定するのは愚かなことでもある。「死の認識」は、それらが「噴火口上の舞踏」の原因や帰結となることを否定して、穏やかな「スマート社会」や経済成長を実現する。いわゆる「脱成長論」も、宗教的次元にまで至るしっかりとした考察と配慮がなければ、いくらも進まないうちに行き詰まってしまうに違いない。筆者の見立てが正しければ、「噴火口上の舞踏」、過剰な「都市の活力」や経済成長至上主義の真の原因の一つは、「死の認識」の喪失にあるからだ。

「死の認識」がコロナ禍という足下の問題を解決するわけではない。それは主に医学や医療や政治や経済の課題だが、Covid-19の第九波、第十派の到来がないという保証はないし、そもそも、生物学者や医学者が教えるように、ウイルスと人間が切っても切れない間柄にあるとすれば、それによる被害を最小限にとどめることが必要でありまた可能でもあるとはいえ、感染症問題に「最終的解決」はないとあきらめるべきだろう。

今般のコロナ禍は、「人生は生のみからできている」という現代人の欺瞞的な認識を打ち砕いて、「生」はいつも「死」と隣り合わせなのだという当たり前の真実をわれわれに気づかせたのである。

参考文献

＊本書を執筆するに当たって使用した主な文献を著者の姓のアイウエオ順——同一姓の場合は名のアイウエオ順——、同一著者では刊行年順に配列したが、図表の出所などは省略した場合がある。（　）内の数字は邦文文献の場合は初版の発行年あるいは初出年、邦訳文献の場合は原書初版の発行年初出年を表している。引用に際しては、必要に応じて、著者名などを含めて、旧漢字を新漢字に、旧仮名遣いを新仮名遣いにしたり読み仮名をつけたりするなどの変更を加えた。本文中に記した頁数は、当該著作を収録した文献の頁数である。

東秀紀『漱石の倫敦、ハワードのロンドン——田園都市への誘い』中公新書、一九九一年
安倍晋三『新しい国へ——美しい国へ　完全版』文春新書、二〇一三年
新井紀子『ＡＩ vs. 教科書が読めない子どもたち』東洋経済新報社、二〇一八年
梅棹忠夫「新京都国民文化都市構想」『梅棹忠夫著作集　第21巻』中央公論社、一九九三年（一九八〇）
ＳＤＧｓ推進本部「ＳＤＧｓアクションプラン２０２２——すべての人が生きがいを感じられる、新しい社会へ」二〇二一年一二月（https://www.mofa.go.jp/mofaj/gaiko/oda/sdgs/pdf/SDGs_Action_Plan_2022.pdf）
大島葉月「近代イギリス田園都市運動の展開——ロンドンの田園都市と田園郊外」『藝術研究』第二三号、二〇一〇年
小田光雄『郊外の果てへの旅／混住社会論』論創社、二〇一七年
小田切徳美『農山村は消滅しない』岩波新書、二〇一四年
レイ・カーツワイル『ポスト・ヒューマン誕生——コンピュータが人類の知性を超えるとき』井上健監

訳・小野木明恵・野中香方子・福田実訳、NHK出版、二〇〇七年（二〇〇五）
鹿島茂『日本が生んだ偉大なる経営イノベーター　小林一三』中央公論新社、二〇一八年
家庭基盤充実研究グループ『大平総理の政策研究会報告書―3　家庭基盤の充実』内閣官房内閣審議室分室・内閣総理大臣補佐官室編、大蔵省印刷局一九八〇年
川勝平太「序」川勝平太編著『ガーデニングでまちづくり――庭園国家日本への道』中央公論新社、二〇〇三年
川勝平太「総編　都市（アーバン）の理想は農芸化（ルーラル）」川勝平太編著『ガーデニングでまちづくり――庭園国家日本への道』中央公論新社、二〇〇三年
川田稔『柳田国男の思想史的研究』未來社、一九八五年
小林武彦『生物はなぜ死ぬのか』講談社現代新書、二〇二一年
斎藤幸平『人新世の「資本論」』集英社新書、二〇二〇年
佐伯啓思『経済成長主義への訣別』新潮選書、二〇一七年
佐藤光『市場社会のブラックホール――宗教経済学序説』東洋経済新報社、一九九〇年。
佐藤光『バブル以後のバブル時代』秀明出版会、一九九八年
佐藤光『柳田国男の政治経済学――日本保守主義の源流を求めて』世界思想社、二〇〇四年
佐藤光『カール・ポランニーの社会哲学――『大転換』以後』ミネルヴァ書房、二〇〇六年
佐藤光『カール・ポランニーと金融危機以後の世界』晃洋書房、二〇一二年
佐藤光『日本リベラルの栄光と蹉跌――戦間期の軌跡』晃洋書房、二〇一九年
ジェイン・ジェイコブズ『アメリカ大都市の死と生』山形浩生訳、鹿島出版会、二〇一〇年（一九六一）
自由民主党『研修叢書8　日本型福祉社会』自由民主党広報委員会出版局、一九七九年
自由民主党政務調査会・デジタル社会推進特別委員会「デジタル・ニッポン2020―コロナ時代のデ

ジタル田園都市国家構想」二〇二〇年六月一一日（https://storage.jimin.jp/pdf/news/policy/200257_1.pdf）
ショシャナ・ズボフ『監視資本主義――人類の未来を賭けた闘い』野中香方子訳、東洋経済新報社、二〇二一年（二〇一九）
アダム・スミス『国富論』（1）～（4）水田洋監訳・杉山忠平訳、岩波文庫、二〇〇〇～二〇〇一年（一七七六）
総合安全保障研究グループ『大平総理の政策研究会報告書―5　総合安全保障戦略』内閣官房内閣審議室分室・内閣総理大臣補佐官室編、大蔵省印刷局、一九八〇年
竹村民郎『阪神間モダニズム再考　竹村民郎著作集　Ⅲ』三元社、二〇一二年
田中角栄『日本列島改造論』日刊工業新聞社、一九七二年
田園都市構想研究グループ『大平総理の政策研究会報告書―2　田園都市国家の構想』内閣官房内閣審議室分室・内閣総理大臣補佐官室編、大蔵省印刷局、一九八〇年
東郷和彦「安倍晋三の『戦後レジームからの脱却』――文化と伝統の視点から」『京都産業大学世界問題研究所紀要』第三〇号、二〇一五年三月
内閣官房「デジタル田園都市国家構想総合戦略」二〇二二年一二月二三日閣議決定（https://www.cas.go.jp/jp/seisaku/digital_denen/pdf/20221223_honbun.pdf）
内閣官房／経済産業省・内閣府・金融庁・総務省・外務省・文部科学省・農林水産省・国土交通省・環境省「2050年カーボンニュートラルに伴うグリーン成長戦略」二〇二一年六月一八日（https://www.meti.go.jp/policy/energy_environment/global_warming/ggs/pdf/green_honbun.pdf）
内閣府「society5.0」（https://www8.cao.go.jp/cstp/society5_0/society5_0.pdf）
内務省地方局有志『田園都市と日本人』講談社学術文庫、一九八〇年。原題は『田園都市』（一九〇七）

中井久夫「解説　阪神間の文化と須賀敦子」『須賀敦子全集　第4巻』河出書房新社、二〇〇〇年
中村哲『新版　柳田国男の思想』法政大学出版局、一九七四年
並松信久『近代日本の農業政策論――地域の自立を唱えた先人たち』昭和堂、二〇一二年
西垣通『AI原論』講談社選書メチエ、二〇一八年
橋川文三「地方改良の政治理念」橋川文三『柳田国男論集成』作品社、二〇〇二年（一九七六）
レオ・バスカーリア『葉っぱのフレディ――いのちの旅』みらい　なな訳、童話屋、一九九八年（一九八二）
長谷川章『田園都市と千年王国――宗教改革からブルーノ・タウトへ』工作舎、二〇二一年
エベネザー・ハワード『新訳　明日の田園都市』山形浩生訳、鹿島出版会、二〇一六年（一九〇二）
広井良典『定常型社会――新しい「豊かさ」の構想』岩波新書、二〇〇一年
福田恒存「自然の教育」『福田恒存評論集　第十六巻』麗澤大学出版会、二〇一〇年（一九六一）
福田恒存「祝祭日に関して衆参両院議員に訴う」『福田恒存評論集　第八巻』麗澤大学出版会、二〇〇七年（一九六六）
福永文夫『大平正芳――「戦後保守」とは何か』中公新書、二〇〇八年
藤田昌久・浜口伸明・亀山嘉大『復興の空間経済学――人口減少時代の地域再生』日本経済新聞社、二〇一八年
藤山浩『田園回帰1%戦略――地元に人と仕事を取り戻す』農山漁村文化協会、二〇一五年
ロバート・N・ベラー／リチャード・マドセン／スティーヴン・M・ティプトン／ウィリアム・M・サリヴァン／アン・スウィドラー／『心の習慣――アメリカ個人主義のゆくえ』島薗進・中村圭志訳、みすず書房、一九九一年（一九八五）
ダニエル・ベル『資本主義の文化的矛盾』（上・中・下）林雄二郎訳、講談社学術文庫、一九七六年（一

九七六）
スティーヴン・ホーキング『ビッグ・クエスチョン――〈人類の難問〉に答えよう』青木薫訳、ＮＨＫ出版、二〇一九年（二〇一八）
保阪正康『田中角栄の昭和』朝日新書、二〇一〇年
増田寛也編著『地方消滅――東京一極集中が招く人口急減』中公新書、二〇一四年
水野和夫『資本主義の終焉と歴史の危機』集英社新書、二〇一四年
村上泰亮『産業社会の病理』中央公論社、一九七五年
村上陽一郎「ＣＯＶＩＤ-19から学べること」村上陽一郎編『コロナ後の世界を生きる――私たちの提言』岩波新書、二〇二〇年
藻谷浩介・ＮＨＫ広島取材班『里山資本主義――日本経済は「安心の原理」で動く』角川書店、二〇一三年
森田一『心の一燈――回想の大平正芳　その人と外交』服部龍二・昇亜美子・中島琢磨編、第一法規株式会社、二〇一〇年
柳田国男『農業政策学』『柳田国男全集　30』ちくま文庫、一九九一年（一九〇二）
柳田国男『農業政策』『柳田国男全集　30』ちくま文庫、一九九一年（初版発行年不詳）
柳田国男「中農養成策」『柳田国男全集　29』ちくま文庫、一九九一年（一九〇四）
柳田国男『時代ト農政』『柳田国男全集　29』ちくま文庫、一九九一年（一九一〇）
柳田国男「家の話」『柳田国男全集　20』ちくま文庫、一九九〇年（一九一八）
柳田国男「地方文化建設の序説」『柳田国男全集　第二十六巻』筑摩書房、二〇〇〇年（一九二五）
柳田国男『都市と農村』『柳田国男全集　29』ちくま文庫、一九九一年（一九二九）
柳田国男『明治大正史世相篇』『柳田国男全集　26』ちくま文庫、一九九〇年（一九三一）

柳田国男『先祖の話』『柳田国男全集 13』ちくま文庫、一九九〇年（一九四六）
山崎正和『リズムの哲学ノート』中央公論新社、二〇一八年
山下一仁『いま蘇る柳田国男の農政改革』新潮選書、二〇一八年
山下祐介『地方消滅の罠――「増田レポート」と人口減少社会の正体』ちくま新書、二〇一四年
吉川洋・八田達夫編著『「エイジノミクス」で日本は蘇る――高齢社会の成長戦略』ＮＨＫ出版新書、二〇一七年
吉村正和『心霊の文化史――スピリチュアルな英国近代』河出ブックス、二〇一〇年
渡辺京二『逝きし世の面影』平凡社ライブラリー、二〇〇五年